智能系统与技术丛书

业务驱动的推荐系统

方法与实践

Business-driven
Recommendation Systems

Methods and Practices

付聪 ◎ 著

机械工业出版社
CHINA MACHINE PRESS

图书在版编目（CIP）数据

业务驱动的推荐系统：方法与实践 / 付聪著 . —北京：机械工业出版社，2022.12
（智能系统与技术丛书）
ISBN 978-7-111-72093-5

Ⅰ. ①业⋯　Ⅱ. ①付⋯　Ⅲ. ①计算机算法 - 研究　Ⅳ. ① TP301.6

中国版本图书馆 CIP 数据核字（2022）第 220295 号

业务驱动的推荐系统：方法与实践

出版发行：机械工业出版社（北京市西城区百万庄大街 22 号　邮政编码：100037）

责任编辑：韩　蕊　　　　　　　　　　　　责任校对：李小宝　　王　延

印　　刷：三河市宏达印刷有限公司　　　　版　　次：2023 年 1 月第 1 版第 1 次印刷

开　　本：186mm×240mm　1/16　　　　　印　　张：13

书　　号：ISBN 978-7-111-72093-5　　　　定　　价：89.00 元

客服电话：（010）88361066　68326294

前　言

为什么要写这本书

推荐系统是以互联网平台经济的高速发展为契机，迎合大规模数字化智能运营的强烈诉求应运而生的。一个高效、成熟的推荐系统能为公司的业务增长带来锦上添花的效果。从事推荐算法工作后，我越发感受到，推荐系统的优化迭代过程好比培育盆栽，业务土壤是根本，系统问题不存在一劳永逸的解法，需要适时、合理地施肥和修剪。正因为这个特质，我渐渐察觉到两个正在不断扩大的鸿沟。

第一个鸿沟是学术界和工业界探索方向的分化。在计算机科学的一些领域中，学科的前沿研究往往是从工业界的实际问题中抽象剥离出来的，其研究成果也会逐步沉淀、落地并反哺工业应用。真实业务中的推荐问题不是一个静态问题。在当前学术界中，推荐问题被剥离了"用户与系统持续交互"的动态属性，从而抽象为简单的"用户—内容"匹配问题。造成这一现状的原因有二：其一，工业界推荐算法从业者因繁重的业务压力而无暇在科研上投入大量精力；其二，商业数据因其商业价值和安全隐私问题，向学术界开源往往困难重重。科研人员得不到真实的数据，不理解业务问题，不得不在架空的问题上持续研究，慢慢就到了瓶颈期。

第二个鸿沟是推荐业务中不同角色之间的沟通障碍。随着人工智能技术与推荐系统的结合日渐密切，产品、运营人员越来越搞不清楚他们的技术同事每天在做些什么。当运营人员讨论盘货逻辑、投放策略的时候，算法工程师却回馈以模型结构、优化目标。以营销经验和机器学习为背景的两种思维模式，在业务目标的实现路径上常常无法达成一致，进而演化成疲于沟通、各自为政、相互掣肘。

无论业界还是学界，或是运营、研发双方，都不能闭门造车。市面上的大多数资料仅从技术角度出发，大量罗列推荐算法，既无法帮助读者理解推荐系统的全貌，也无法帮读者寻求业务问题的解决方案。

或许有些狂妄，但我希望能凭借此书，从业务视角出发，重新审视推荐系统领域多年沉淀下来的方法论。我希望能尽可能深入浅出地剖析推荐系统设计背后的业务逻辑，帮助业务方更好地理解算法的边界，进而更好地使用这个工具；帮助算法工程师摆脱"拿着锤子找钉子"的尴尬状态；帮助学术界理解推荐系统结合智能营销、精细化运营时所面临的真实问题，寻找产学研结合的合理方向。

读者对象

从事推荐系统相关工作和学术研究的读者都可以阅读这本书，具体包括：

- ❑ 在企业中从事推荐系统算法研发、优化的从业者；
- ❑ 在企业中从事推荐系统引擎开发、维护的从业者；
- ❑ 在企业中与推荐算法和工程开发相关的人员对接的运营人员和产品设计人员；
- ❑ 对推荐系统感兴趣的在校学生；
- ❑ 从事推荐算法研究的科研工作者。

本书特色

市面上绝大多数的推荐系统相关图书都以推荐算法和模型为主，容易让人产生理解了推荐算法的演化历史就理解了推荐系统，以及优化推荐算法一定可以提升业务指标的错觉。与这些图书不同，本书并不以推荐算法为核心，而是从业务诉求的视角出发，为读者描绘当下主流推荐系统的设计思想和架构全貌。本书针对推荐系统架构中的核心组件逐个剖析其业务价值，用实际的案例帮助读者理解方案选型背后的思考。

此外，本书在介绍基于机器学习、深度学习的推荐算法时，重"为什么"而轻"怎么做"，这也是本书与其他同类书的不同之处。推荐算法相关的研究文献浩如烟海，理解算法选型的根因比知道有哪些算法更重要。本书重点突出系统中的每个模块所需要解决的问题，会详细介绍一到两种经实践检验普遍有效的、在学术界具备里程碑性质的算法，帮助读者练成识别算法的"火眼金睛"，从每年大量产出的新算法研究中取其精华，去其糟粕，真正解决实际问题。

如何阅读本书

本书内容分为四部分。

第一部分（第 1~3 章）：业务驱动下的推荐系统总览。从宏观角度介绍推荐系统架构设计、评估方法以及背后的业务思考。

第二部分（第 4～7 章）：推荐系统的数据工程。数据是推荐系统的根本，如何获取各类正确的数据并构建合理的特征体系是这一部分的主要内容。

第三部分（第 8～10 章）：推荐系统的算法原理与实践。主要介绍推荐系统的核心算法模块以及相关代表性算法。

第四部分（第 11 章）：推荐算法工程师的自我成长。主要介绍推荐算法工程师的成长路径。

计算机专业及有人工智能算法研究背景的读者，阅读本书的难度不大；缺少人工智能、机器学习算法相关内容预备知识的读者，在阅读第三部分时可能会遇到困难，建议学习机器学习相关内容后再阅读本书；无专业背景的推荐业务相关的运营人员和产品设计人员，可以仅阅读每章关于业务价值和问题建模的部分，以便于理解研发人员的思维模式。

勘误和支持

由于作者的水平有限，书中难免会出现一些错误或者不准确的地方，恳请读者批评指正。如果你有更多的宝贵意见，欢迎发送邮件至 fc731097343@gmail.com。期待能够得到你们的真挚反馈。

致谢

首先要感谢 David Goldberg、David Nichols、Brian M. Oki 和 Douglas Terry。他们首次定义了基于协同过滤的推荐系统架构，我们作为后辈才有了新的研发方向。

其次，感谢我的导师——浙江大学的蔡登教授和何晓飞教授。作为我的学术领路人，他们在我五年的博士生涯中，塑造了我的科研思维模式。

再次，感谢美国南加州大学的任翔教授，他帮助我拓宽了眼界、学习新的研究方法，令我获益匪浅。

从次，感谢阿里巴巴，作为我职业生涯的第一个平台，它对于我的成长给予了充分的资源和空间。不仅培养了我"技术＋商业"为导向的思维模式，还让我有机会从团队负责人的角度，对团队技术路线进行宏观规划，在实践中探索"技术目标和商业利益"的平衡。

最后，感谢我的妻子，她为我的写作提供了巨大的帮助，如果没有她的支持，就不会有这本书。

谨以此书献给我挚爱的妻子，以及机器学习、人工智能、推荐系统领域的众多产、学、研同路人。

CONTENTS

目　录

第二部分　推荐系统的数据工程

第 4 章　业务标签体系 ………… 48

第一部分

业务驱动下的推荐系统总览

现如今，推荐系统已然成为诸多大型互联网公司的基础设施之一，拥有不可替代的商业价值。然而，很多人对推荐系统的第一印象依然是计算机应用软件或产品。事实上，今天的推荐系统更像是一个在商业活动中无法脱离业务的生命体。

所谓业务，指的是构建于企业的商业逻辑之上，为了实现商业价值或商业目的而存在的各类商业活动。随着业务性质的变化，推荐系统的架构设计、组件设计以及算法设计都需要做出大幅度的调整，以适应相应的业务。

第一部分将从业务驱动的视角，分别介绍推荐系统的基本概念、系统设计和评估方法，为读者展现工业实践中推荐算法工程的思维模式。

第 1 章

从业务视角看推荐系统

信息技术的发展对我们生活的深刻影响大致可以归结为实体的电子信息化和信息触达效率的极大提升，而在信息触达和信息被消费之间，还存在一个筛选的过程。现代搜索引擎、推荐系统就是以信息筛选为目的被设计出来的技术产品，同时糅合了广告系统（合称搜推广），已经成为平台型互联网公司的基础设施。

有一个针对推荐系统的经典论断——推荐系统要解决的问题是用户信息过载的问题。换句话说，推荐系统要解决用户和信息实体匹配的问题，把用户感兴趣的信息实体与用户建立连接，以满足用户的需求。然而，满足用户需求是推荐系统的终极目标吗？无须避讳的是，推荐系统作为一种商业技术，绝大多数情况下都是依附于商业公司而存在的。商业公司的本质具有趋利属性。好的推荐系统必须在满足"人货匹配"的用户诉求的基础上，最大化自身的商业价值，因此带上了鲜明的业务属性。

先树立正确的目标，再谈如何到达。时至今日，推荐系统已经形成了一套比较成熟的体系结构和设计方法论，并且处于持续演化的过程中。为用户谋求福祉是推荐算法工程师的价值追求，而自证业务价值则是他们的生存需要。本章将从满足业务诉求的角度出发，介绍推荐系统的定义与商业价值，为之后把业务驱动的方法论拆解到每个具体的技术环节打下基础。

1.1 推荐系统的定义与商业价值

本节将从不同的角度出发，为读者建立一个丰满立体的推荐系统形象，进而帮助读者理解推荐系统能做什么、不能做什么，以及推荐系统的商业价值。

1.1.1　推荐系统的基本概念与业务驱动思想

20 世纪 90 年代，推荐系统作为一种新兴的计算机技术进入了大众的视野。传统的推荐系统基于协同过滤的思想构建，具体来说，就是通过大规模用户群体针对大规模内容集合的交互反馈数据，为这个群体中的用户个体实现个性化、定制化、自动化的内容筛选能力，解决用户面对海量信息时选择困难的问题。

在纯粹的技术视角下，推荐系统仅仅囊括"人货的最优匹配"所需要的技术、工具和系统。然而，天下没有免费的午餐，寄托于各类电子商务平台上的推荐系统，也需要为平台本身的业务提供价值。随着平台业务在追求商业利益的征程上不断自我丰富，推荐系统的边界、推荐算法工程师的职能范围，也在相应地不断拓展和细化。推荐系统的设计方式正在从简单的问题驱动向业务驱动不断进化。

接下来，我将从用户视角、技术视角、公司视角、供给侧视角 4 个方面，分别介绍业务驱动下的推荐系统的设计思想与问题驱动的传统方式有何异同。

1. 用户视角

从用户视角来看，传统的推荐系统仅考虑为用户提供兴趣相关的内容，而业务驱动的推荐系统考虑的是在特定场景下对用户的模糊需求进行满足。这里包含了场景和模糊两个关键概念。

满足用户的诉求不是把内容塞给用户就可以了，还要考虑用户消费内容时的相关体验。场景不仅是用户提供消费内容的一个位置或场所，还要与用户产生超越物理层面的稳定连接。在业务语境下，这一概念称作场景心智。

为了满足场景心智的需要，针对某种诉求的场景设计和迭代会把需求满足时的消费体验推向极致，而推荐服务也要做出有针对性的配合。

横版播放器加弹幕的场景，更适合时长偏长且单一内容的沉浸式消费，满足用户对垂直、深度内容的消费诉求，便于社区氛围的构建与引导（如哔哩哔哩、爱奇艺）。而手机竖版播放器加无限下刷的交互方式，更适合时长较短的多品类内容的持续式消费，满足用户在碎片时间内对强感官刺激内容的即时消费诉求（如抖音、快手）。

推荐和搜索的主要区别在于用户意图的明确程度。在搜索场景下，用户会用明确的查询词限定意图范围，并对内容或货品的筛选有心理预期。而在推荐场景，用户心智更偏向于"逛"。就好比美食街上，有的人边走边吃，而有的人直奔预约好的火锅店。

有线上线下零售相关经验的读者可能已经发现，这里和零售业内的"人货场"思维模型十分相似。没错，对于推荐系统来说，"人货"之外，"场"也是不可忽视的一环。

2. 技术视角

从技术视角来看，业务驱动的思想也极大地丰富了推荐系统的内涵，拓宽了边界，具体体现在两个方面。

首先是个性化的破圈。传统的推荐系统技术把问题限定在纯粹的推荐语境里，即在用户兴趣未知的情况下，进行人货匹配。实际上，个性化这一技术思想很快就被推广至搜索和广告场景。个性化其实是基于海量数据的分发效能提升工具，不仅可以应用在推荐系统中，也可以应用在搜索和广告场景中。很多个性化搜索、个性化广告投放场景，本质上都是推荐引擎。

如图 1-1、图 1-2 所示，在不同 App 的搜索功能中，潜藏着各类推荐服务。在搜索前，App 会给用户推荐热搜词；在搜索结果内，结果页进行个性化排序，这也是融合了推荐技术；在搜索结果中，通过相似搜索词、相似内容的推荐，帮助用户明确需求，或者弥补内容池深度的不足，在一定程度上实现用户跳出拦截。

图 1-1　搜索场景中搜索前和搜索中的搜索词推荐服务

其次，各式各样的业务需求催生了推荐系统越来越多的技术领域。例如，对用户兴趣感知的即时性业务诉求，让推荐算法与流式学习结合得越来越深；大众对隐私保护的重视，使得推荐系统开始拥抱联邦学习和端智能。

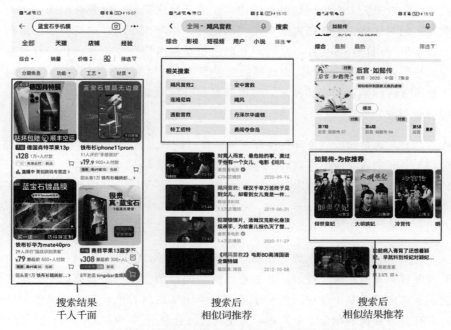

搜索结果　　　　　搜索后　　　　　　搜索后
千人千面　　　　相似词推荐　　　　相似结果推荐

图 1-2 搜索后隐藏在搜索结果中的推荐技术

3. 公司视角

从公司视角来看，传统推荐系统并没有把公司利益考虑在内。公司经营活动的目的就是可持续地获得越来越多的利润。我们将这个目的进一步拆解，就会发现提供推荐系统服务的公司，不仅希望推荐系统做好人货匹配的服务，还希望它可以实现风险控制、用户规模增长以及利润的最大化。

首先，对公司来讲，利润最大化是最重要的，推荐算法工程师需要让推荐系统通过完成最擅长的事情来获取更多的利润。绝大多数的业务都满足帕累托法则（二八定律），即 80% 的用户诉求可以被 20% 的内容满足。原因很简单，针对一个特定的互联网产品，用户对它的品牌认知相对稳定且明晰。

在用户心智明确的前提下，用户到访大多因其主要需求而来。通过简单的数据分析和运营策略，运营从业者就可以比较好地完成对头部用户主要需求的满足。推荐技术在头部流量上，对比人工运营（也可以理解为专家推荐）能取得的相对效率的提升，大多仅仅是锦上添花。这也说明，在前推荐时代，各大平台虽然"千人一面"，但是也可以通过对自身核心用户价值的极致挖掘实现高速增长。

就海量数据的吞吐能力、长尾分布的模式识别而言，以统计学习技术为内核的当代人工智能技术，相对于人工有绝对优势。进而，在满足长尾需求、服务长尾用户方面，相对于人工就有了绝对优势。不断拓展服务用户的边界、不断挖掘用户次要需求、重新丰富平台价值并逐步引导用户心智变迁，是当下互联网市场在由增量竞争逐步转向存量竞争的环境下，各大平台业务发展的主题。在这样的需求下，个性化推荐技术成为必不可少的利器。基于人工智能方法的推荐系统和技术，可以通过提升腰尾部匹配效率以及积分效应，来获得更多的商业利益。

其次，利益与可持续发展之间往往存在矛盾性。例如，在同样满足用户需求的前提下，把一个利润100元的商品而不是利润10元的同类商品推荐给用户，可能在短期内带来更大收益，但从长期来看，与用户追求性价比的主要意图存在矛盾。过度透支用户购买力会为平台带来负面影响，甚至造成用户流失，在竞争环境中失利。因此，推荐系统应当在业务主目标和用户体验之间做出平衡。

再次，电商平台需要规避作弊、诈骗等风险，内容平台需要规避舆论、非法内容等风险。风险控制技术，简称风控技术，其主要目的在于帮助公司从海量数据中识别存在风险的内容提供者或内容本身，往往由独立于推荐技术团队的风控团队负责。虽然团队相互独立，但二者在业务层面的配合十分紧密，为企业合法合规运营、保持用户信任保驾护航。

4. 供给侧视角

从供给侧视角来看，传统的推荐系统并未把供给侧需求纳入考虑范围。推荐系统的内容不是凭空出现的，也不是一成不变的。电商平台的供给侧是千万大中小商家，内容平台的供给侧是千万内容创作者。业务驱动的推荐系统在为C端用户提供服务的同时，也成为供给侧生态循环的驱动引擎。目前绝大多数的平台型互联网产品还没有将主营业务拓展至内容生产，内容生产仍在发挥着桥梁的作用。很多时候，从业人员会狭隘地认为在产品中进行消费的C端用户才是用户，而忽略了供给侧的B端用户。

为了平台的可持续发展，B端用户的体验也至关重要。对B端用户来讲，选择平台的主要诉求是希望借助平台触达更广大的用户群体，从而实现自身商业价值。受二八定律的影响，B端生态结构基本上也呈现金字塔形态。如果这个金字塔形态是流动的，上升通道持续打开并且规则较为透明、公平、合理，那么B端用户就会收获比较好的用户体验，进而形成良性竞争。反之，如果在这个生态中，上升规则完全不可预测，努力付出和收获基本不成正比，头部流量劣币驱逐良币，那么平台也不可能可持续地发展。这就为推荐系统的公平性、可解释性提出了严格的要求。

总的来说，业务驱动思想大大拓宽了推荐系统的边界，也提出了更高的要求。它要求推荐系统不仅能够完成人货匹配的基本功能，还要能够以平台存续和盈利为出发点，从多个角度为其主营业务提供商业价值。以业务驱动的方式设计推荐系统，才更符合绝大多数企业的价值观。

1.1.2　浅谈个性化推荐带来的商业价值

对于互联网公司来说，用户是公司的核心资产。有了稳定的用户群体，才有模式创新和流量变现的可能，拉新和留存往往是企业最关心的话题。

1. 助力主要商业目标增长

一般情况下，推荐系统往往在拉新上无法提供太多帮助，主要任务是从用户留存或商业目标的角度发力，辅助平台实现商业价值。大多数时候，从算法角度来看，留存是不可以直接优化的。比如电商平台的复购率和货品质量、价格、售后以及整体购物体验等因素有关，视频平台的留存则与内容质量、内容知名度、内容丰富度、观看体验甚至社区氛围有关。有很多环节其实不可能包含在推荐系统的支持范围内。

由于推荐系统的核心技术是面向可量化数据指标的算法，因此寄托于各大平台的推荐系统往往针对一些可量化的任务进行优化，比如电商平台的 GMV(Gross Merchandise Volume，商品交易总额)往往和留存、复购有正相关性，视频内容平台的观看时长往往和用户留存、DAU(Daily Active User，日活跃用户数量)有正相关性。

2. 重塑生态

虽然二八定律可以描述大部分流量分布问题，但这种分布并不会自然形成，或者说，良好的基尼系数是每个平台希望达到的状态，鼓励良性竞争的同时可以实现平台利益最大化。

人工运营塑造的生态一定是头重尾轻的生态，这是因为人工运营只能在有限的数据、有限的维度下满足用户有限的需求。然而，推荐系统的优势在于全量数据分析和长尾服务能力。通过个性化实现的"千人千面"可以将内容的曝光覆盖量前所未有地拓展，一定程度上削减头部内容的曝光比例，提升腰尾部内容的曝光占比，从而实现多品类多维度的精细化运营，在长尾部分实现积分效应。

3. 理解用户

推荐系统不是一个静态的系统，它是一个不停与用户交互，并以数据为养分不断自我成长的系统，其成长过程中的一个重要沉淀就是用户的结构化画像。通过对用户进行实时、多维度的数据探查，能够帮助公司快速捕捉市场供给、需求的变化，从而辅助商业决策。

1.2　从运营、算法与工程视角看推荐系统

在任何一家企业中，推荐系统都不是由算法工程师独立维护的，而是一个寄宿在企业

服务端上的软件组件和运营工具。这决定了参与推荐系统日常使用、维护的角色中包含了内容的推荐业务运营人员、项目开发与运维工程师。每个人在自己的立场、背景和知识体系下，对这个系统有着不同的诉求。被理解是每个表达者的使命，把这样一个与技术无关的部分放在本书靠前的位置，是因为我希望每个翻开这本书的推荐算法工程师、出于兴趣浏览的推荐业务运营人员能在相互理解的方向上各迈出一步。首先要做的就是了解大家在各自立场上的思维模式。理解了问题，再寻找解决问题的手段就不复杂了。

1.2.1　推荐业务运营思维：货找人

推荐业务的运营人员往往直接对业务整体目标负责，因此他们的思维模式是业务驱动的。虽然"人货场"是运营的基础思维模型，"场"无法与"人货"割裂开来谈，但"场"的元素其实在具体的业务场景搭建初期就确定下来了，它与具体业务的大方向、大战略有关，不仅涉及推荐技术，也耦合了用户界面设计、交互模式设计等话题。抛开具体的业务背景，我想在这里讨论一些通用、常见的运营思维模型，我们暂且忘记"场"的概念，聊一聊业务驱动下，场内的人货运营。

"我盘的货，为什么分发不出去？""为什么货 A 会排在货 B 的前面？""为什么给我推这个，不给我推那个？"这些是推荐业务运营人员对推荐算法工程师的常见发问。究其根源，其实都可以被归结为"货找人"的思维模式。而这种思维模式，又可以具体化为两个问题。

1. 流量分配问题

第一个问题是流量分配问题，以曝光和转化两个维度为核心，包含 4 种形态。

（1）高转高曝问题　某些高转化率的内容被高频率大范围地曝光给用户，这是当推荐系统以转化为优化目标时常常出现的问题。以转化为优化目标是错的吗？当然不是，这是推荐系统实现平台商业目标的核心手段。我们的关注点在于曝光结构的合理性。如果一个电商平台，纸巾等低价高销品长期占据推荐首页靠前的位置，那么用户多次打开 App 时，容易对这个电商平台形成只卖便宜高销品类的品牌印象。纸巾是绝大多数用户的日常需要，并且会频繁购买，因此把纸巾频繁推送给所有用户，从推荐技术的视角看，做到了人货匹配，是合情合理的。然而从品牌形象的角度来看，这限制了平台的形象。

（2）高转低曝问题　某些高转化率的内容被低频率、小范围地曝光，甚至逐渐在流量池内沉寂下去。在进行后验数据分析的时候，我们会发现某些内容虽然在初期投放（冷启动或定向人工投放）的时候，有着非常好的消费表现，但进入推荐系统的流量循环后，曝光持续低迷，无法形成人群辐射扩散的效应。如果推荐系统频繁出现这类问题，且难以人为干预，会极大影响 B 端体验。一个典型的影响是，不利于高质量爆款内容的孵化。

（3）低转高曝问题　一些持续转化率低下的内容被持续大范围、高频率地曝光，这种问题常见于多目标的复杂推荐系统中，随着目标多元化（例如既要用户浏览更多商品，又要促成用户消费转化）、特征体系复杂化，推荐的策略和模型也越发复杂，一个直接的结果就是，推荐结果的可解释性、推荐系统的问题可定位性大大下降，偶尔会出现低转高曝的负面案例。

（4）低转低曝问题　低转低曝问题指的是，一些内容在被投放时，其转化效率低，累计曝光次数也低的现象。读者可能会觉得，低效率的内容获得更少的曝光次数，这不是符合常理的吗？如果内容实际质量差，那的确是正常的，说明推荐系统可以识别出低质内容并限制其分发。但如果内容质量高，那就有可能是推荐系统的问题。

我们介绍一个典型案例。为了满足站内某类用户的潜在需求，推荐业务中的内容运营人员经过大量数据分析和行业调研，通过招商、招标、购买、举办激励性质的活动，引入一批高质量的内容，在进入推荐系统流量循环后，它们的转化效果却很差。可能的原因就包含：用户画像不准确或推荐模型匹配能力差，导致好货没有推送给对的人。进而，由于这些内容转化率低，系统也不会给予持续曝光的机会。

2. 排序因子问题

第二个问题是排序因子问题，主要关注的维度包含分发效率、兴趣相关度、货品质量、互动效果等。

在绝大多数推荐业务运营人员眼中，从用户行为日志中得到的数据是绝对客观的，那么通过数据分析得到的结论都是可靠的。在这个逻辑下，与数据分析结果定义与业务指标有关的排序因子就可以产生可解释的、有效的推荐，这是运营业务人员的惯性思维，也是与推荐算法工程师的认知模型常常冲突的问题点。

推荐系统日志数据不完全可靠的原因在于，推荐系统向用户推送的不是孤立的货品，而是一个货品的队列。排在队列前面的有更大概率被用户看到；排在后面的，用户可能还没下滑到这个位置就离开场景了。这类由系统交互形态以及用户主动选择行为造成的数据分布失真，叫作推荐系统的选择偏置。选择偏置是造成推荐系统日志数据不完全可靠的众多因素中的一种。

假设我们可以得到绝对客观的数据结论，并得到了绝对可靠的排序因子，那么泛泛而谈，排序因子好的排在排序因子差的前面，不就实现了理想中的可解释、高效率的推荐系统了吗？

现实情况往往不是这样简单的。举一个简单的例子：货品 A 的全站分发效率比 B 的好，而货品 B 与当前用户的主兴趣匹配度更高，那么谁应该排在前面呢？如果推荐业务运营人员只定义好与业务相关的排序因子，不定义偏序关系，推荐算法工程师就难办了。往往排序因子的维度越来越多，定义偏序关系也变成一个无法罗列的不可能任务，推荐算法工程师在优化排序模型的时候只能盯着主要商业目标进行优化，各因子之间的偏序可解释性就会降低。

1.2.2   推荐算法建模思维：人找货

业务形态千变万化，推荐系统在逻辑层面上的执行流程却是统一的：推荐系统在绝大多数情况下是被动接受用户请求并返回推荐结果的系统。这里说"绝大多数情况"，是暂且抛开推送技术，谈大部分推荐技术场景。

一次推荐请求发起的流程，大致可以描述为用户点击进入 App 或 App 的某个推荐场景，或是进行某种交互操作时，App 客户端向后端服务器发送了一个复杂的请求，这里面就包括请求对应推荐场景的推荐结果，方便客户端页面的结果渲染和展示。推荐服务端在接收请求后，拉取用户信息，结合交互场景的上下文信息，进行复杂的多级多次匹配计算，从推荐货品池中筛选出少量的精选结果，返回给客户端，完成渲染展示，如图 1-3 所示。

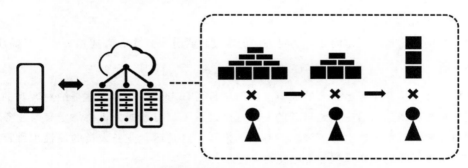

图 1-3   用户发起推荐请求到接收结果的简化流程

从图 1-3 所示的场景中，不难理解推荐算法工程师的建模思维，就是为这个"人"去找对的"货"。"人找货"的建模思维，是从满足用户需求为第一准则出发产生的建模思维，也是与推荐业务相关的黄金准则。从大方向上看，这个思路是对的，然而往往只有在落实到实践中，我们才会发现这一问题并不简单，甚至暗含"逻辑陷阱"。

首先，以更严谨的表达方式叙述，有的读者会把"人找货"解读为"在给定用户兴趣的前提下，为用户找到与其兴趣相关的内容"。这种解读方式的"逻辑陷阱"是问题的条件无法满足。推荐系统永远无法得知用户的真实兴趣，推荐系统所使用的用户画像是通过系统与用户长期交互产生的数据中提炼得来的，而用户与推荐系统交互产生的数据都是系统基于"用户兴趣"为用户进行推荐产生的，这里的逻辑形成了因果的循环，因而不攻自破。所以我们会经常听到这个说法："推荐问题不是一个完备定义的问题。"

其次，每个发往系统的请求是孤立的，而与系统交互的人不是孤立的，每时每刻都有大量用户正在和系统进行实时的协同过滤（一个推荐系统的经典思想，第 8 章会进行介绍）。这里面暗示的是，用户有时候也不能把握好自己的兴趣，用户的兴趣甚至会受到群体行为的影响。

再次，由于数据是流动的，流量也是流动的，用户的兴趣也会随着时间流动和变迁，因此每一次推荐的结果应该与这个流动的生态产生互动。

最后，品牌调性、生态结构，往往是算法不可优化的目标，也不遵从"人找货"的思维模式，而遵从"人试货"的思维模式。

总的来说，"人找货"是推荐系统算法建模的黄金准则，但不能狭隘地去理解它，需要推荐算法工程师在具体的业务、具体的场景、具体的技术环节以及具体的业务目标约束下，去思考为用户找到什么样的内容。这也是业务驱动思想在"人找货"模式中得以应用的方式。

1.2.3　推荐引擎工程展望：服务产品化

推荐系统发展到今天，逐渐形成了较同质化的系统结构。一个普通的软件工程项目，在设计之初也要考虑低耦合、高内聚，在业务扩展时也要考虑可以快速进行能力复制、高效部署，甚至从定制化服务走向产品化服务。

服务产品化不仅仅是架构设计艺术的追求，更是技术能力商业化的追求。我们可以通过一个简单案例来理解。某手机厂商想要做好自研浏览器的流量生态，苦于没有内容也没有用户画像。不想用户打开浏览器只有简单的搜索框，他们想要调用某新闻资讯类 App 的内容推荐接口，把内容在浏览器页面上渲染展示。

对于这个新闻资讯 App 来说，想要的并不是接收一个 HTTP 请求并返回一些图文结果这么简单。自动化的日志服务、数据仓储、画像构建、特征分析等全套推荐服务，都要可以自适应地适配对方的消费场景，形成一个完整的推荐服务产品。这就要求推荐系统各个模块高度抽象化，同时具备在推荐策略上一定程度的自由定制化的能力。如此一来，这个推荐接口就可以按调用次数计费，技术团队就有了向二方、三方营收的能力。

技术能力商业化，也是从业务驱动的角度出发，去为企业谋求价值的途径。商业竞争不会一直都是零和博弈，在特定的阶段，通过特定的方式，不同的商业体可以谋求合作共赢。产品化技术能力输出，不仅仅是工程技术团队谋求实质收入的手段，更是拓宽市场、获取用户的一种渠道，它能为主营业务带来增量。

第 **2** 章

从业务视角看推荐系统的顶层设计

谈到推荐系统的设计，我们谈论的重点是软件工程。每一个软件产品的设计思想，都折射出需求方对核心价值的考量。推荐引擎的背后，是推荐业务高速增长和敏捷迭代的诉求在驱动。推荐算法工程师同时也是推荐引擎的使用者。站在设计者的角度去思考，我们才能够更加深刻地理解系统架构全局和业务核心诉求，从而在算法选型和演化方向上做出正确的选择。

2.1 业务驱动下的推荐系统设计思想

传统的推荐系统一般只考虑解决人货匹配这一抽象的技术问题，而商业平台中的推荐引擎需要持续创造商业价值，因此要在设计上遵循业务驱动的思想。

不严谨地讲，传统的推荐系统只需要用于存储用户、内容相关数据的数据库，处理用户请求并筛选内容的打分排序引擎，以及用户反馈数据的回收系统，就可以完成任务了。

业务驱动下的推荐系统的设计思想，是要用动态、发展的眼光进行设计，要为业务的可持续发展、系统自身的可持续发展提供便利。更具体地，从"人货场"的业务模型切入，我们希望系统可以越来越精确、深入地理解我们的用户、内容以及业务场景，同时也能够充分理解三者之间的关系，最终通过沉淀的领域知识，结合人工智能与人工手段，提升场景效率，促进场景的可持续发展。

虽然业务驱动的思想要求我们根据业务目标对推荐系统进行定制化设计，但本书的主要目的仍然是把业务要素剥离出去，提供一种高度抽象的推荐系统模板，以便于读者理解。

2.1.1 业务无关的推荐系统抽象

无论电商还是数字内容消费，无论信息流推荐还是结构化推荐，所有的推荐业务场景或架构都具备一定的共性与区别，如图 2-1 所示。把共性的部分抽象出来，我们就可以得到一个通用的、可产品化的推荐系统整体设计方案。

图 2-1　信息流推荐（左图）与结构化推荐（右图）

从业务驱动的角度讲，推荐系统可以被抽象为数据管道、核心引擎、运营平台和数据中心四大要素。把这些要素组合起来，就形成了一个抽象的通用推荐系统设计模板。

1. 数据管道

第一个要素是数据管道，它存在于客户端和服务端的网络通信服务中。在客户端与服务端的信道中，一面是从服务端向客户端发送的个性化内容以及相关数据，另一面是从客户端向服务端发送的客户端实时采集到的各类信息。

数据是理解用户、内容、场景的关键，因此用户与系统之间的数据通路至关重要。我们的设计首先要利用简洁、轻量的数据传输协议和流量调度机制，降低网络延迟，提供流畅的体验。其次，要使数据管道具有灵活可扩展的数据采集能力，除了收集客户端、服务端系统的日常运行日志以外，还应该收集用户的交互反馈数据。这些反馈数据，是业务最宝贵的数据资产。最后，为了保障这些珍贵的数据，这条管道还要具备一定的网络安防能力。

2. 核心引擎

第二个要素是核心引擎，用于支持各种用户请求的处理和业务策略、算法的开发迭代。

将用户的请求转化成推荐结果过程中的所有复杂的计算逻辑、数据存取都在引擎内完成。市场的快速变化要求业务的运营具备灵活应变的能力。因此,从业务驱动出发,核心引擎的设计需要高度模块化,以便于场景请求处理能力的快速搭建和迭代。同时,核心引擎也要足够轻量化,方便低延迟接入各类产品化需求。最后,还需要支持敏捷迭代,以应对技术、市场的快速变化。

3. 运营平台

第三个要素是运营平台。业务驱动的推荐系统需要结合人工智能和人工手段。一方面,这受限于当前人工智能技术的发展水平;另一方面,我们希望"人"可以在这个系统发挥更强的掌控力,引导业务的良性循环。

对于业务运营人员来讲,掌控力体现在推荐结果干预能力、数据资产管控能力、数据分析监控能力三大方面。推荐结果干预能力指人工生成的推荐内容可以覆盖或部分替代算法自动产生的推荐结果;数据资产管控能力包括对于用户数据、内容数据以及结构化的历史数据(例如知识图谱)进行增、删、改、查;数据分析监控能力是指对推荐系统的整体业务数据表现可以进行可视化的监控,并便于进行战略、战术分析。

4. 数据中心

第四个要素是数据中心,方便对合法合规采集的用户交互行为数据、推荐内容的信息,以及常规迭代中各个场景、各个实验所产生的日志数据进行存储、解析和读写。随着平台的发展和规模的增长,推荐系统日积月累的数据量成了天文数字。因此,我们要求数据中心有超大规模存储和容灾的能力。同时,为了方便数据分析,我们也要求数据中心支持便捷快速的数据读写等数仓 ETL(Extract-Transform-Load)能力。一个成熟的推荐系统会沉淀大量常态化、自动化的数据抽取、分析、计算的脚本,这也要求数据中心具备自动化调度、处理网状数据任务流的能力。

如图 2-2 所示,数据管道在辅助核心引擎处理用户的推荐请求的同时,为推荐业务采

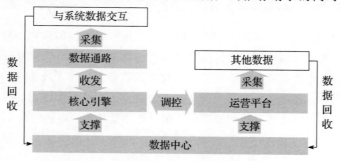

图 2-2 信息流推荐(图左侧)与结构化推荐(图右侧)

集大量的数据，交由数据中心处理、加工，形成高信息密度的业务数据并存储下来。同时，这些数据反哺核心引擎，助力引擎推荐算法不断优化。另外，这些业务数据也是方便业务运营人员理解业务、理解用户的基础。运营人员会根据数据和领域知识制定运营策略，通过运营平台对推荐系统的效果进行调控。运营平台也是一种数据的入口，用于人工引入其他途径获取的内容或业务相关的数据，例如人工打标数据等，并将这些数据沉淀至数据中心成为数据资产的一部分。

从架构的落地实现上，我们可以把推荐引擎提炼并抽象为埋点及日志服务平台、数据中心、召回与排序模块、运营管控与作业模块、运维与实验平台，如图 2-3 所示。

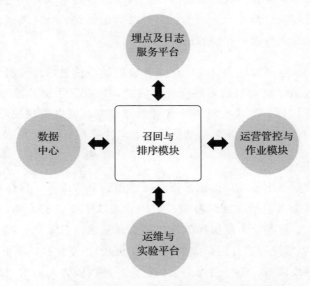

图 2-3　业务与算法视角下推荐系统的基础模块

2.1.2　推荐算法模块核心能力的建设

在基本服务框架下，优化用户体验的核心是内容质量和兴趣匹配。其中，内容质量与系统工程、算法无关，而兴趣的匹配程度取决于推荐系统算法模块。维持算法模块敏捷、有序迭代则主要基于以下几个重点能力的保障。

1. 基础算法维护

基础算法维护指的是对于策略性算法进行日常维护与迭代，主要是面向召回与排序模块的算法策略、模型的维护。我们简单、抽象地将推荐算法模块拆分为海选（召回）和排序两部分。之所以这样拆分，是受到了当前常规计算服务器计算能力的限制。以电商场景为例，在理想状态下，如果我们可以在数十毫秒内完成一个用户和几十亿商品之间的兴趣匹配度计算，那么就没必要做这样的拆分了。

而现实情况是，在大多数有着成百上千 QPS（Query Per Second，每秒请求数）的推荐场景中，在合理的、成本可控的服务器资源配置下，排序算法模型在数十毫秒内只能完成一个用户和几百个商品之间的兴趣匹配度计算。于是，推荐算法模块形成了今天的多级粗筛到精筛的流程设计。

2. 数据精准、高效采集

为了方便数据探查和优化迭代，需要有健全的埋点日志系统和算法实验平台。埋点是设置一种由用户交互行为、程序自主行为触发，按固定格式、特定发送规则，将收集到的信息向埋点日志系统发送数据并存储的机制。

对于算法开发而言，通过埋点日志，记录算法的核心信息，方便制作算法模型需要的样本和特征体系，进而完成模型的训练优化。同时，埋点日志也是重要的数据监控来源，通过解析重要的业务指标，形成实时和非实时指标监控，可以实现故障、异常报警机制，也可以用于分析用户行为、沉淀未来的迭代优化方向。

3. 深度学习服务

顾名思义，深度学习服务就是提供深度学习模型的日常维护，具体可以拆分为在线能力和离线能力。在线能力包括深度学习模型自动化上线部署、模型调试、在线特征抽取、在线推断打分的能力。这些能力能够保证算法模型最基本的自动化在线预测、定时调度更新的功能（例如工业界常见的次日更新，也叫 $T+1$ 更新）。在此基础上更进一步，推荐算法模块可以支持模型在线训练、模型在线学习的能力。离线能力包括大规模分布式模型训练能力，模型调度、存储、版本控制等日常维护能力。

4. 自定义日志埋点

在常规埋点日志模板内，提供算法自定义字段记录、上报的能力。推荐算法工程师可以通过自定义接口实现对埋点字段的增、删、改，进而实现对特定业务逻辑下的数据监控、特征抽取等能力。

5. 在线 AB 实验以及数据分析监控

在线 AB 实验以及数据分析监控是基于在线流量调度、流量识别、实时流数据分析等功能实现的算法日常维护的能力。推荐算法工程师在进行算法优化时，往往不能将改动直接全量发布到线上，这是因为新算法的长期表现往往很难预测，同时也潜藏着一些不易发现的问题。

一个合理的解决方法是进行小流量实验，这就要求推荐引擎有能力圈定规模相同但用户不同的流量，调用不同的在线服务代码，可以在相同时间区间内进行不同算法、策略的对照实验。对不同实验流量的业务指标数据进行定量分析，可以确定新老算法的优劣势，进而方便算法优化迭代。

2.2　从系统框架透视业务生态循环

推荐系统不只是一个用于用户与内容匹配计算的引擎，还要维护用户—内容—供应侧生态的良性循环。本节详细介绍这个生态系统是如何借助推荐引擎进行良性循环的。

2.2.1　系统大图剖析

回顾图 2-2 和图 2-3，箭头所示的模块交互中暗含了系统内数据的有序流动。用户与推荐系统进行交互，本质上是与系统内的应用和算法模块持续不停地交互，产生海量的数据，这些数据通过埋点日志系统流入云端引擎，进而流入数据中心。这些数据通过数仓系统清洗后形成可用的特征数据以及业务报表。得到的高质量特征数据继续被用来优化算法—策略模块，对即将到来的用户请求进行推荐决策。这就形成了推荐系统的主循环系统，仿佛生命体的血液循环一般奔流不息。

在主循环系统背后，是推荐内容供应侧的副循环系统，这一部分经常被推荐算法工程师忽视。内容由相关运营从业人员从供应侧收集并组织，其中的一部分作为推荐内容进入推荐系统进行分发。在它们进入推荐系统主循环后会完成自身的更迭，形成一个深层的副循环系统。在副循环系统里，从供给侧收集的内容进入基础内容池，经过算法—策略模块如鲤鱼跃龙门般层层筛选，最终呈现给部分用户。分发、消费效率高的内容可能会被持续曝光、转化，甚至形成爆款；反之，效率低的内容会被逐渐淘汰，再无曝光机会，甚至有的内容自始至终都不会获得曝光机会。这个基础内容池通过定义出入机制，也在进行自主迭代，为用户提供可持续的体验。

由此，我们可以看到，推荐引擎支撑起了一个富有生机的生态系统。良性的算法迭代，可以让系统持续发展壮大，反之，可能让系统凋零衰败。在日常工作中，我看过太多推荐场景做着做着就消失了，其中可能存在运营、算法、供应等多方面的问题。从算法的角度来讲，做推荐业务必须有动态的全局思维，不能把自己局限在静态的优化思维中。这是推荐业务算法优化与学术界问题抽象的机器学习算法优化在思维模式上的核心区别。

2.2.2　监察者：埋点日志服务

埋点日志服务是推荐系统的数据基石，是推荐系统的感受器，如同人体的神经系统。

常规的 App 都具备埋点日志服务系统，用于数据采集。埋点通常与 App 的各种控件（如按钮、页面等）及行为事件绑定，在特定行为事件发生时触发数据的收集和上报。

在推荐系统中，用户隐含的偏好行为是系统最重要的信号。通过捕捉这类信号，系统才可以逐步积累用户的偏好数据，完成用户画像的刻画和沉淀，继而提升算法的推荐能力。

举一个简单的例子，假设在后端数据侧为每一部手机设置了全局唯一的 ID，对每一个被推荐的商品也设置了唯一的 ID。用户在浏览商品列表页面的时候对某一个商品感兴趣，可能会点击图片跳转到商品详情页，如果他对商品十分满意，就会添加购物车甚至完成购买。

我们在商品列表页的商品坑位、添加进购物车按钮和支付按钮上设置埋点，上报对应的用户的 ID、商品的 ID、商品的价格等我们关心的属性，在用户发生点击行为的时候进行上报，就可以获得这次行为的有用信息。同时，我们对所有曝光给用户的商品设置埋点，在曝光事件发生的时候记录相关信息，就可以获得用户的浏览历史。在后端清洗数据的时候，就可以得到曝光日志、点击日志、交易日志，利用这些日志来提取对算法有用的信息。

埋点系统的复杂度与空间数量和类型有关，随着 App 场景越来越多，各种类型的复杂空间以及定制化、特异化的监控诉求越来越多。由于人工追加埋点事件监控上报逻辑会成为极其繁重复杂的体力活，而通过第三方做埋点服务存在数据泄漏、错误频发、修复滞后等危险，因此一体化的埋点体系至关重要。通过通用的模板覆盖常用埋点诉求，追加自定义的格式化字段上报特异化的埋点诉求成为当前的主流方案。在推荐系统里，较为常用的便是业界反复验证过的 SPM（Super Position Model，超级位置模型）埋点协议和 SCM（Super Content Model，超级内容模型）埋点协议。

与埋点体系配合的日志系统负责按统一的格式收集日志，完成日志校验、埋点解析、分析监控、日志存储等功能，如图 2-4 所示。日志系统不仅服务于推荐系统，更服务于其他多种模块的日志诉求，一般不需要针对推荐系统做特殊的设计。

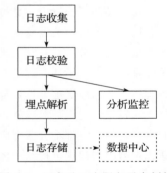

图 2-4 埋点及日志服务平台剖析

2.2.3 业务大脑：数据计算、分析及仓储服务

作为业务决策的大脑，推荐系统对于数仓提出了很高的要求。首先，即使在对埋点日志做了清洗、剔除冗余信息后，推荐系统所依赖的中间层数据仍然是规模庞大、具有时间序列属性的。其次，在数据规模庞大的前提下，仍要保持较高的查询、运算效率。再次，数据质量需要有专门的团队维护、把控。最后，要有高可扩展性，在未来多年的业务发展

诉求下，有灵活的扩展能力。

　　从业务角度来讲，核心业务数据报表的维护是辅助业务决策的重要前提。不同的业务部门，侧重的数据分析也不尽相同。在较大规模的公司内部，除了数仓基础能力的开发团队以外，还会设置数据分析团队，用于汇总、抽象各业务方的数据诉求，构建全站口径统一、认知一致、质量可控的数据中心，如图 2-5 所示。在此基础上，为业务、算法团队提供报表和特征抽取服务。而所谓的数据中心，从数据库角度来讲，就是一系列组织结构分明的高权威、高可依赖性的数据表。不难看出，数据团队往往会起纽带作用，串联业务、开发诉求到埋点设计。最终，也需要形成可视化的数据视图，便于分析解读。

2.2.4　主循环系统：召回与排序模块

　　考虑到计算资源和性价比，当前推荐系统普遍拆分为召回模块与排序两个模块。如图 2-6 所示，召回模块与排序模块是算法变更、迭代最关注的模块。作为推荐系统，还需要一些其他组件处理引擎中的基本工作，例如接入层负责解析、对齐不同端的请求协议，进行一些基础的流量调度，如限流和负载均衡；容器层可以进行更精细的流量调度、容器应用管理、版本控制、发布控制等；应用层对请求进行解析后才会涉及排序模块的流程。

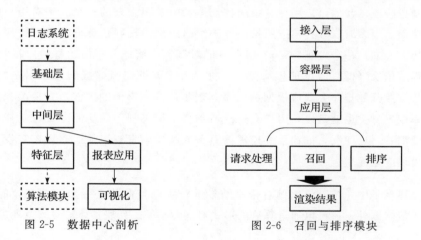

図 2-5　数据中心剖析　　　　　　图 2-6　召回与排序模块

1. 召回模块

　　召回模块又称海选模块，负责从海量候选集合中粗略筛选出符合用户潜在兴趣的内容，这一过程的优化目标是保证召回率。

　　召回率又称查全率，可以理解为召回结果中，用户真正感兴趣的内容的比例。在召回结果集大小一定的情况下，召回率越高，说明对用户兴趣的覆盖度越高，即模块的效率越好。由于排序阶段进行打分计算利用的特征复杂且数量庞大，因此排序模块是无法进行大范围打分的,那么大规模过滤的担子就落到了召回模块的肩上。

通常情况下,召回模块往往面临从千万级规模的候选池中选出几千个内容送至排序模块。召回模块的特点就是可以利用简单、快速、高可并行的策略或算法,实现落差如此大的过滤能力。召回阶段的算法选型往往更侧重于计算效率,在计算效率最大化的前提下,尽可能取得召回率的提升。其中的矛盾点在于,越是简单的策略或算法,其侧重点越狭隘。在实际操作中,我们往往利用多路召回来互相补足。

2. 排序模块

排序模块一般负责对召回的结果做更进一步的精细化筛选。这一过程的优化目标是效率最大化。在电商平台中,效率最大化的目标主要是成交率以及 GMV 总量;在视频网站中,效率最大化的目标主要是总观看时长。

在资源有限的前提下,排序模块可能会进一步拆分为粗排、精排和重排。由于多路召回的策略、算法出发点不同,各路被召回的内容互相之间并不是直接可比的,因此需要一个统一打分的机制拉齐可比性,同时可以进一步做筛选,为下游留出更大空间。

在精排阶段,我们可以用更复杂的特征体系以及更复杂的模型算法对用户的偏好进行建模。然而,很多时候,直接按照排序算法给出的用户偏好估计分数进行排序,并不是最好的选择。例如,一个短视频 App 用户可能对搞笑、篮球、军旅题材的短视频都有偏好,且偏好程度依次降低。假设理想情况下,排序模型能够完全捕捉到这个用户的兴趣分布,那么直接按照分数排序会造成返回的结果列表里,排序靠前的大多数是搞笑视频,排序靠后的是军旅题材。也就是说,用户会连续看到多个搞笑视频,从而产生视觉疲劳感,这不利于延续消费。更何况,推荐系统还需要具备兴趣探索发现、强运营内容宣发等能力,于是重排模块应运而生。

在上述例子中,按一定比例对排序结果进行主题打散就是一个简单有效的重排策略。重排除了策略以外,还可以通过算法的形式对兴趣平衡、列表整体消费满意度进行建模。

召回与排序模块构成了一个层层过滤的漏斗结构,如图 2-7 所示。由之形成的漏斗效应会深刻影响不同模块的算法选型和不同模块之间的联动配合。业内有这样的说法:召回模块的效率决定了排序模块的天花板。

举个例子,一个用户潜在偏好的物品无法被召回,那么该偏好也就无法参与排序,最终也就没有机会呈现给用户。我们要考虑的是不同模块之间如何解耦以便于独立优化,又如何互相成让整体效益最大化。

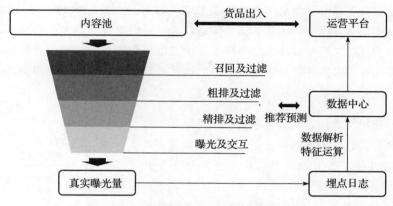

图 2-7　漏斗结构的召回与排序模块

　　那么这个漏斗结构的召回与排序模块是怎么循环的呢？被推荐的内容通过漏斗的层层筛选，与部分用户产生交互，交互数据通过埋点日志被记录下来，这些数据成为内容在之后被推荐时的重要参照因素或特征。通俗地说，分发效果好的内容会持续分发给更多的用户，分发效果差的内容会逐渐失去曝光的机会。由于环境、市场的变化，公司品牌、战略的变化，又或者业务本身的诉求，绝大多数内容都会经历初次曝光到逐渐沉寂的生命周期，跟随不停更新的数据流淌在数仓-召回与排序-用户之间的"大动脉"上，形成犹如血液循环一般的主循环系统。

2.2.5　副循环系统：运营管控与作业模块

　　运营管控与作业模块简称运营平台，主要是面向对推荐系统背后的软件技术及原理不熟悉的运营人员，增强他们对系统的掌控力和降低他们日常工作的操作门槛。一方面，运营人员希望可以在这个平台上一站式地完成数据分析、策略制定、用户及内容管理、智能营销等工作；另一方面，他们也希望可以方便地对推荐系统进行调控。

　　无论用何种手段，运营人员的根本目的都是将推荐系统向着业务所需的方向引导，其中最重要的就是用可控、可解释的手段干预系统的数据循环。

　　如非必要，运营人员很少直接干预系统召回和排序的结果（主循环），他们往往通过精细化的内容池调控手段来控制系统的副循环。在推荐系统中，往往存在一些主观、抽象、算法难以量化或优化的衡量标准，如推荐的新鲜度、推荐的权威度、推荐质量和调性等。那么，最直接有效的手段就是内容池调控，也就是通过业务方在平台全库存集合中圈选一部分符合业务诉求的子集，在这个受约束的子集上进行推荐曝光展示。

　　召回与排序模块驱动着内容曝光的主循环，内容供给模块则负责内容汰换的副循环，而推荐内容池将两者隔开,形成了一层数据抽象。这样设计的主要目的是降低运维成本,把运营侧和技术侧各自的迭代动作解耦,即运营人员可以更加专注于内容准入、淘汰规则的设计,而推荐算法工程师可以更加专注于在给定抽象内容池的前提下进行算法、框架的优化。持续不断的内容供给到无曝光价值内容淘汰,形成了内容维度的副循环,配合主循环的节奏,为推荐系统赋予生机。

以上都是通用性设计,但总有一些诉求是通用的系统设计无法满足的。针对不同的业务诉求,我们还需要提供定制化的服务。通用的召回与排序通路对于新内容、定点强运营内容都是无感知、一视同仁的。而推荐场景的内容运营人员往往希望这部分新内容可以搭上"直通车",快速地在一定人群圈层上进行实验性投放。这个时候我们需要给系统留出人工干预的余地。基于画像的人群圈选、选品池的增删改、最高优先级的曝光运营干预能力,构成运营平台的基础,如图 2-8 所示。

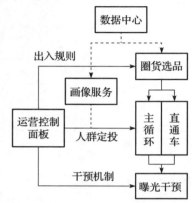

图 2-8   运营平台基础功能剖析

2.2.6   新陈代谢:运维与实验平台

新算法和策略的开发维护灵活度以及在线 AB 实验的支持灵活度,往往是推荐算法工程师日常维护工作中重点关注的要素。通常情况下,算法的迭代、变更和普通的软件研发迭代的流程类似。在条件具备的情况下,从最大限度维持线上效果的稳定性出发,变更算法需要经过本地调试,预发调试,单元、冒烟、压力等测试,发布上线这几个流程。同时,算法实验变更往往不同于功能性开发,需要先在小规模人群上进行实验,效果符合客户体验、优化目标以及业务预期才可以全量上线。这些功能可以集成到系统日常运维平台来协助提升迭代效率。

通常意义上讲,本地环境可以复制一个线上生产环境的低配版本,方便本地基础功能的开发验证。当然也可以通过远程调试的方式,由本地向线上安全环境发起请求。预发环境通常是一个部署在与线上环境相同的小规模集群上的完整系统。代码发布到预发环境后,可以针对新的变更,完全再现线上环境的表现。在这个环境中,既可以模拟单次请求的全链路 Debug,也可以基于用例集合的压力测试、冒烟测试,在所有测试通过后,进行线上的分批发布。通过对线上一些核心指标的采样监控,来实现整个应用的常规运维监控和异常报警。对于未能发现潜在问题的发布版本,可以快速回滚到稳定版本。

基于流量拆分的算法 AB 实验机制,是算法日常维护、迭代的基础能力。AB 实验又称对照实验,其理论基础是在控制其他无关变量对等的前提下,仅对算法变更造成的影响进行评估。具体做法是,通过在代码中控制大致相同数量的两组用户发起的请求,分别执行基准实验的代码逻辑 A 和算法变更实验的代码逻辑 B。

　　要严格控制无关变量相等几乎是不可能的，比如人群属性、人群分布、流量时间分布等。在用户规模足够大的前提下，通过哈希算法可以近似地实现这一点，例如将总体流量规划拆分为 10 等份，将用户的设备 ID（全局唯一 ID）通过 MD5（Message-Digest，信息摘要）算法哈希映射到不同的流量桶。留出几个基准桶（目的是观测 AA 差距），剩下的流量桶就可以做不同的算法实验。运维平台就是融合了上述运维能力、异常监控检测能力、对照实验能力的一个综合平台，如图 2-9 所示。

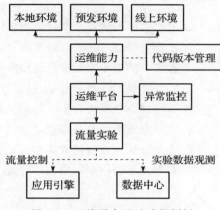

图 2-9　运维平台基础功能剖析

　　有的时候，算法需要并行做的实验数量大，实验桶不够用，这是中等规模或者日活不高的 App 经常遇到的问题。正交分层实验可以解决这一问题。正交一词取自数学中的概念，意思是互不相关、互不影响。我们的推荐系统是可以拆分为多个模块的，例如召回模块和排序模块在逻辑上没有耦合，可以独立迭代，那么就可以放到两个正交分层上做实验。流量接入召回层时使用的哈希和进入排序层时使用的哈希，可以通过输入值（也就是哈希键值）进行修改，从而达到在不同分层之间进行流量洗牌的效果。这种方式在每一个正交分层内，控制了除本层的变更因素外其他分层导致的变量在本层内分布对等。

　　图 2-10 所示是一个垂直实验分流和正交实验分流的对比，图中召回分层和粗排分层彼此正交不相关，可以追加哈希再打散逻辑。

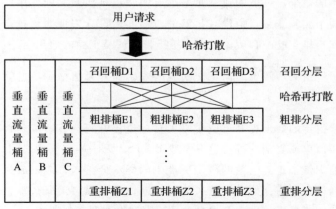

图 2-10　垂直实验分流与正交实验分流的对比

假设每个召回桶 D1～D3 的流量配比是 1：1：1，粗排桶 E1 内有 1/3 的流量会途经 D1 的召回策略，1/3 的流量途经 D2 的，余下 1/3 的流量途经 D3；其余粗排桶也是如此。不同粗排桶之间的差异主要是粗排策略和模型之间的差异。实验对比设计依然是符合对照实验要求的。下面介绍垂直实验和正交实验的优缺点。

- ❑ 垂直实验的优点是全链路逻辑单一可控，适合全链路联调的综合性策略、项目开发实验。缺点是按垂直流量拆分，流量可用空间小，最大实验桶数受流量总规模、数据置信的最小实验流量规模限制。
- ❑ 正交实验的优点是可以通过细粒度拆分非耦合模块，实现流量的最大限度利用，可以实现小规模流量下大规模并行实验的效果。缺点是对实验人员的能力要求较高，必须保证不同分层实验之间的正交性；调试难度大，上下游不同实验配置的枚举数量是分层总数的笛卡儿积，出现漏洞的时候，难以定位是哪个模块的变更引起的；对照实验的指标只能表达趋势，难以量化对比效果的绝对值。

对于垂直实验、正交实验的优缺点，大部分都比较好理解，而对于正交实验的最后一个缺点——指标只能表达趋势，难以量化对比效果的绝对值，该如何理解呢？举个例子，如果召回桶 D1、D2 的效果都是当前线上基准配置的效果，而 D3 的召回实验效果是某指标相对于基准提升了 10%，那么，粗排桶 E1～E3 每个桶里面就会有 1/3 的流量效果是更好的。如果 E1、E2 是基准粗排桶，E3 是实验粗排桶，粗排桶 E3 整体比基准粗排桶效果提升了 10%，我们只把粗排桶 E3 的实验配置推送至全流量生效（即召回仍保持现有配置，但粗排采用 E3 的新配置），那么粗排自身为大盘（指在全部流量上进行观测计算）带来的效率提升是 10% 吗？或者可以通过公式计算出来吗？

答案是否定的。这是因为在原本的粗排实验桶 E3 中，有 1/3 的流量是召回实验和粗排实验共同作用产生的效果，剩下的流量是基准召回和粗排实验共同作用产生的效果。在这组对比实验中有两个实验变量，但没有足够的对照实验设计去证明粗排自身的效果，也无法得知召回实验和粗排实验配合后，召回为粗排带来的是正面的效果还是负面的效果。

通过这个例子，我们理解了为何正交实验的效率提升无法估计，也就理解了漏斗效应以及正交流量切分机制。

那么垂直实验得到的效果提升可以带来大盘等量提升吗？答案也是否定的。因为推荐系统大多基于各类简单或复杂的机器学习模型而设计，无法避免模型之间"互相学习"。具体地，一个实验桶中带来正向收益的模型所产生的样本会落入日志，成为其他模型的训练材料，从而被其他模型记住。如果在迭代的时候进行样本隔离，那么每个模型学习的样本量可能因为实验桶的流量规模太小而过少，导致模型得不到充分训练。

无论垂直流量拆分还是正交流量拆分，都无法得到绝对准确的提升数值，从经验上看，垂直流量实验的提升与推全[⊖]后的提升对比，还是更加接近的。推荐算法工程师可以采用流量反转的方式，设置季度或年度单位的小流量垂直反转桶，反转桶里面的代码、配置停留在最初的状态，在财年末或财季末，用基准桶与反转桶进行对比，将得到的指标上的提升作为算法优化的成果。

在 Docker 被广泛使用的当下，实验流量控制机制在容器层的实现会使得整体架构更高效。同时，利用容器热迁移技术，也能大大提升新代码的发布速度。

2.3 迭代效率最大化：图化服务和配置化迭代

所谓图化，指的是推荐引擎内的业务应用代码被高度抽象化以后，形成了可复用的算子，将算子的执行顺序用组图的方式进行连接，得到一个完整的应用执行流程。相信 AI 算法方向的读者可以很快联想到 TensorFlow 的设计模式：把一些常用的模块封装为算子，深度模型就可以像积木一样被搭建起来。图 2-11 所示是一个推荐系统图化的应用示例。

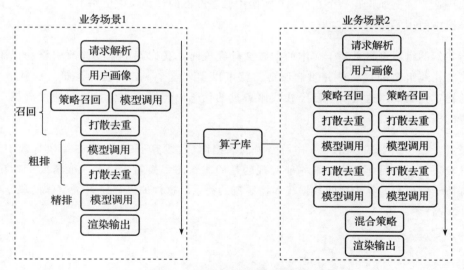

图 2-11 图化应用开发示意图

随着产品对系统实时性要求的逐步提高，当下主流互联网产品都应用了流式系统设计，以增大在线服务的吞吐量。当我们如图 2-11 所示，将推荐系统在线服务流程上的逻辑模块

⊖ 推全指的是将在线小流量进行的实验推送至全流量生效。

实现为算子，可以将在线推荐服务可视化为一张由算子织成的大网。在这张网上，同时流淌着数据流和控制流（计算流）。其中，数据流展示了从数据角度的算子间依赖关系：什么数据？由哪个算子产生？又由哪些算子消费？而控制流则展示了从逻辑角度的算子间的时序关系：哪些算子要等待哪些算子执行完后才可以执行？

基于流式图化服务的框架进行开发的核心在于基于低耦合、高内聚的准则对整体业务逻辑进行高度模块化的抽象，同时，以清晰的数据流和控制流将算子合理化串联，尽可能提高系统整体的并发度，增加服务的吞吐量。

在一个成熟的图化引擎中进行推荐系统的迭代，好处在于常用的功能组件不需要重复开发，通过参数控制的方式可以实现功能差异化。具体来说，对于计算图中的每一个算子（节点），其输入不仅包括其他算子产出的数据，也包括人为定义的一系列超参数。这些超参数可以方便地控制算子内部的执行逻辑。对于同一个算子的两个功能，我们可以用一个简单的开关输入参数进行控制。

另外，对于简单功能的改动，只需要修改组图逻辑或配置参数，并推送新的配置，实现零代码迭代。例如，在一个在线 AB 实验中，基准桶的计算流中使用了算子 A，而实验桶的计算流中使用了算子 B。

当我们的组图逻辑是基于文本的配置文件完成时，我们就不需要修改引擎的代码，仅通过更新在线组图配置文件并重启服务，就可以实现这个 AB 实验的逻辑。这种方式下，迭代的稳定性更高。这是因为已经在线服务过的代码出错概率很低，修改的代码越少，系统故障的概率越低。

最后，如 TensorFlow 1.0 一样，因为动态组图（在线算子调度）的在线执行效率较低，稳定性较差，所以目前图化引擎一般实现的是静态组图。换句话说，一般情况下，在线服务不支持动态地改变算子之间数据流和控制流的关系。这样的设计使系统整体的稳定性高、执行效率高。

第 **3** 章

评估推荐系统的方式与维度

在介绍如何评估推荐系统之前，理解什么是好的推荐系统至关重要。推荐系统不是一个功能性的软件，它不像 MATLAB 那样具备强大的数学建模和仿真能力就可以，也不像 Photoshop 那样只需要具备图片编辑能力。

推荐系统的评价维度和它所处的业务场景捆绑在一起，而且它的评价维度不是单一的，而是一个复杂的体系。在不同的业务场景中，推荐系统的评价标准也会发生相应的变化，本章抽象出其中共性的部分，为读者做系统性的介绍。

3.1 业务驱动型推荐系统的评估要点

以业务驱动的思想设计的推荐系统，是以业务可持续发展为目标而设计的，这个系统要能够针对市场的变化进行灵活响应。传统的、技术驱动的推荐系统评估模式，往往是狭隘的，仅通过后验数据（用户和系统交互后产生的数据）评估内容与用户兴趣的匹配度。我们常说一个产品的生命周期有着不同的阶段，每个阶段主要的目标不尽相同。这个说法也适用于真实业务场景中的推荐系统。业务驱动的推荐系统，其优化目标是多元的，因此评估指标也是多元的，并随着业务发展阶段动态变化。

市面上绝大多数与推荐系统相关的图书，都希望能够完全抛开业务维度谈推荐系统的评价指标。这个想法从技术人员的初心角度来看是没问题的，我们都希望推荐工程技术、推荐算法技术是可以自成体系的。

这一美好愿景，往往在业务落地的过程中受到巨大阻力。例如，推荐内容的兴趣相关性和内容的新颖度有时候是冲突的：推荐一个厨艺题材的视频给一个篮球题材的爱好者，从兴趣相关性维度来看，这次推荐的效果是不好的。因为通过历史行为分析，他的主要兴趣只有篮球。考虑到信息茧房的影响，推荐厨艺题材的内容给他，从新颖度和兴趣探索扩展的角度看，又是一次好的尝试。

如此一来，兴趣相关性和推荐新颖性之间该如何取舍，有没有其他维度来辅助解决这个问题呢？本节对这个问题进行详细的解答。

3.1.1　体验优先准则和量化方式

体验优先准则要求推荐算法工程师，乃至相关的从业人员，要始终将产品体验相关的指标和评估，作为迭代最重要的部分来对待。这一点与业务驱动的思想不谋而合。业务驱动的思想符合推荐系统从业者的第一性原理，这个第一性体现在两个方面。

一方面，业务的可持续发展是推荐业务最重要的优化目标，业务衰亡则推荐系统也会失去存在的意义。业务增长或维持稳定的前提是在用户体验上相对于竞争对手有明显的优势，从而用户心智相对成熟并且稳定。用户体验与用户留存、用户规模直接相关，用户是互联网公司的核心资产、衣食父母。而线上场景的用户体验优化涉及多方协作，例如供应链的生态优化、运营人员的战术优化等。

另一方面，任何推荐系统都不能独立存在，都存在于一款商业化产品内提供服务。因此，推荐系统首先要成为一个产品模块，其次才成为一个算法场景。从这个角度讲，推荐系统的第一性，仍然是作为产品的一部分，满足用户对产品的功能诉求，其次才是去优化算法。

推荐系统评估的难点之一在于，用合理的量化方式去评估用户体验以及场景效率指标。当下主流的推荐系统，都不会在交互模式中设置反馈渠道。这是为了减少用户在场景内消费的障碍，提供流畅的使用体验。当用户的所有反馈都是隐式反馈时，任何量化指标都不能直接反映体验与效率，只能从侧面反映情况。

推荐算法工程师需要关注两个方面。一方面，综合多个角度，多种评估指标，形成适合当前业务发展阶段的评估体系，尽可能全面地评估推荐系统迭代的表现，平衡用户体验与效率，做出正确的决策。例如，电商平台有总体 GMV 增长的诉求，内容平台有消费时长争夺和会员转化的诉求。这些诉求在用户体验的基础上完成才是可持续的，当体验目标和效率目标发生冲突的时候，应当以维持体验目标为主。

另一方面，要根据业务特性，对每一种评价维度选择最合适的量化方式。大多数时候，用户体验是不可观测、不可量化的，将这个不可观测、不可直接优化的目标拆解为可观测、可优化的数据指标需要业务领域知识。有时候业务目标与用户反馈不是一一对应的,寻找一个目标的量化方式也需要领域知识。

例如,用户体验既可以从主观角度评估,也可以从客观角度评估。从主观角度,我们可以拆解用户体验的评估维度,例如内容封面图的质量、标题的质量、推荐内容的丰富度、兴趣的相关度等,通过外包逐项打分的方式,评估用户的主观体验。这样,用户体验就被转化为可以量化、可以比较的数值。

另外,就电商平台来讲,评估短期的用户体验也可以参考人均 GMV、用户下刷曝光卡片个数、页面停留时长等。用户愿意购买就说明他对被推荐的内容比较满意;愿意在推荐场景内下刷、停留也说明他有逛的意愿,侧面说明了探索体验较好。

除了直接购买的正面行为,添加购物车、点击也可以被认为是隐式的、侧面的反馈信号,因此,也可以作为评估场景效率的指标。基于这种观察得到的加购率、点击率,是既能反映用户体验效果,又能反映推荐效率(点击、加购之后,就有可能促成交易,就可以为平台带来货币化收入)的指标,适合用来评价系统的效果。

再以数字娱乐内容消费产品为例,平台主要关注会员转化和停留时长,会员费用和广告收入是数据媒体商业模式核心的两个部分,我们要从这个业务价值的角度去设计量化方式和目标。内容质量和匹配的精准度决定了用户的付费意愿,而用户停留越久,产生的潜在广告价值就越高。我们可以观测并优化用户的累计观看时长,进而精准捕捉用户兴趣,提升用户黏性。同时,为了做好社区,更要努力优化点赞、评论等社区互动行为,营造社区氛围。最后,所有平台都会关注的就是回头客,那么次日留存、7 日留存等指标,也是需要重点关注的。

以上是普通目标的拆解和量化方式,孤立地针对各量化指标对推荐系统进行优化是不可取的,容易陷入顾此失彼的盲区。在 3.5 节,会介绍一个推荐系统评估的通用体系,希望读者能始终站在一个全局的高度评估每一次迭代。

3.1.2 评估推荐系统的方法论

既然量化用户体验需要一定的领域知识作为基础,那么在抛开领域知识的限制后,有没有什么普适的评估方法论呢?推荐算法工程师如何快速将领域知识融入自己的知识体系呢?

一个合理的思维模式是个人体验与数据分析双管齐下。

首先,个人体验就是让自己从纯粹的系统用户角度出发,体验自家的产品,和竞争对手的产品做对比，总结自家产品和竞品的优缺点，并从中找出算法的优化方向。代入角色的时候，需要清醒地区分角色状态，是新用户（New User，NU）还是老用户（Frequent User，FU），或者是多天未到访的回归用户（Returned User，RU）。作为不同的角色，记录不一样的用户体验，思考如何做用户挽留，推荐系统应当如何区别处理。

其次，从数据分析中寻找优化方向。在个人体验中，我们可能会找到大量的问题。个体的感觉永远是主观的，无法代表大多数用户。当你有了一个优化的想法，接下来就需要通过统计分析的方式去验证这个想法的可行性。例如，要优化类似抖音这种沉浸流播放器的用户数量下滑，你可能认为用户看到的第一个视频的观看体验会影响总体的下滑数量。于是，需要统计用户观看第一个视频的播放完成率以及对应的下滑数量，进而对这两个随机变量进行相关性假设检验。如果假设成立，就可以设计一些方法来优化用户第一个视频的观看完成度，以此来提升对减少用户数量下滑的期望。

我们了解了这种方法论之后，在使用中应该注意些什么呢？

请记住一个要点：找到数据和直觉上的平衡点。数据有可能存在欺骗性，并不是说大规模的统计数据会出错，而是推荐系统的数据内部变量、不可控因素很多，我们的统计结果如果没有完全剔除一些潜在的相关因素，那么得出的结论往往是错的。在因果推断领域，有一句非常著名的话：相关不一定构成因果。这句话的含义是，两个变量的数据表现呈现出相关关系时，并不一定存在因果论断。

一个著名的例子就是辛普森悖论。某所学校在某一年的新生录取工作中遭到投诉，投诉者认为，该校男生录取率是女生的1/2，存在性别歧视。校方在核验录取数据时，发现学校仅有的两个学院，商学院的男生录取率是75%，女生录取率是49%；法学院的男生录取率是10%，女生录取率是5%。每个学院的录取率中男生均高于女生，总体录取率男生却远低于女生，这就产生了显著的直觉悖论。

其实原因在于，商学院录取率高，而男生的申请人数远小于女生（20∶100）；法学院录取率低，而男生的申请人数远大于女生（100∶20），最终造成了学校整体的男女录取率不平衡。这就引出了统计学中分组差别与分组权重的研究问题。

寻找数据和直觉上的平衡点，主要是注意与主观直觉相违背的数据统计结论。要么是数据统计存在的问题，要么是统计方式不符合需求，要么是没有完全理解用户的诉求。当得出一个客观扎实的统计结论，并且可以给出合理的主观上的解释时，就有可能成为一个重要的优化方向。通过反复践行这套方法论，并与业务运营人员保持沟通，就能够逐渐补全并深刻理解业务，进而形成业务价值判断的直觉。

3.1.3　从 3 种业务价值出发设计评估体系

有了方法论，我们可以向着成体系的评估系统再进一步：从业务驱动的视角定义场景通用的评价体系。推荐系统的业务价值包含 3 个维度：C 端用户价值、B 端用户价值和平台价值。

C 端用户指的是产品主要服务的个人客户，他们在平台上持续消费才可以为平台带来商业价值。B 端用户指的是商业合作伙伴，如供应链另一侧的商户、内容提供者，大多数平台型互联网公司不会做内容、商品的生产者，或者说不会完全产销自理，大量的推荐内容是由商业合作伙伴提供的。这些商业合作伙伴通过平台得到的商业价值和体验是他们愿意持续合作的基础。平台价值则是平台通过推荐服务想要获得的核心商业价值，是平台的立身之本。一个好的推荐系统，需要兼顾这 3 个维度，以实现三方价值为目标驱动系统良性运转。

3.2　B 端业务：B 端用户体验的评估维度

电商平台的 B 端用户是成千上万的中小商户、厂家以及大型品牌合作方。内容平台的 B 端用户是主流制片方、MCN（Multi-Channel Network，多频道网络）机构，以及广大个人内容创作者。社交平台的 B 端用户是广告主、各类有宣传诉求的大型机构，以及国家党政机关。B 端用户带着各式各样的商业诉求而来，满足商业诉求及这一过程中的体验会决定 B 端用户的忠诚度，我们可以从以下这几个方面考虑。

3.2.1　平台玩法的可解释性

平台玩法的可解释性关乎 B 端用户的成长性诉求。例如，达到什么样的标准，用户的商品或内容可以上首页推荐？当前的账号或商铺等级是否与平台承诺可享受的权益匹配，规则是否能够透明且可解释？

从这些问题中可以看出，可解释性是一个非量化的指标，同时也是在系统设计之初需要结合业务特点纳入考察的设计指标。一套尽可能透明、可控、可解释的 B 端用户成长模型以及配套的推荐框架有利于促进 B 端用户的良性竞争，塑造合理的 B 端生态。

以数字娱乐内容平台为例，产品的规模增长和可持续发展离不开规模稳定或持续增长、不断进步的内容创作者群体。平台需要构建一个鼓励良性竞争、玩法透明可解释、风险可控的上升阶梯。

从内容角度讲，任意一个内容从发布到静默的整个生命周期需要清晰可控，且创作者可感知。内容的生命周期一般可以分为冷启动、爬坡赛马、冷却静默 3 个阶段。

冷启动阶段，每个内容都会被授予一定次数的曝光机会，通过用户的反馈来评估这个内容的质量。如果一个内容在冷启动阶段的表现超过了一个特定的阈值，就可以参与下一阶段的分发，否则就会被认定为低质内容，从内容池清退。

爬坡赛马阶段，给大量通过冷启动的较优质内容继续提供更多的曝光机会并观察其表现。在这一阶段内，也会设置多级流量池，只有在同级赛马中胜出的内容，才可以得到更高的流量配额，如同在攀爬金字塔。

冷却静默阶段，将在各个层级被淘汰的内容，逐步从主流量循环中剥离。用户的注意力和时长都是有限的，也是喜新厌旧的，即便是曾经的爆款，也要从分发流量中退出，给其他内容的分发让位。

在各个阶段，收到投诉或被监测到违法违规的内容，会被停止分发，直至人工审核通过才能继续分发，不通过则强制退池，以此来实现舆论和法律风险的控制。

由此，我们可以构建一个清晰、创作者可感知的动态内容金字塔体系。一个较为透明、稳定的推荐内容生态体系，可以为创作者提供清晰的成长路径。在这一成长路径的指导下，可以与同业者形成较为良性的竞争环境，为用户持续不断地输出优质、新鲜的内容，也有利于平台的可持续发展。

推荐系统的设计者在框架搭建之初，应该将可解释性、可控性放在一个重要的位置。具体来说，就是抽象剥离出可解释性需求强的组件以策略的方式实现，或在算法选型上考虑高可解释性方法，为可控性、可解释性较差的算法模块留出人工干预的空间。

以内容生命周期管控为例，一般的实现模式是将冷启动流量与主循环系统流量分离，利用特定的冷启动算法进行有针对性的优化。冷启动内容池与流量内容池隔离，而主流量内容池也会根据用户反馈进行分层设计，高质量高效率的内容可以获得持续分发或扶持的机会，实现分层爬坡和赛马的效果。同时，也可以利用时间窗口或者分发量级设定退场门槛，利用降权等方式为爆款内容冷却降温，逐步退出主流量循环。

3.2.2　投放效果的可预测性

无论是电商、视频平台还是社交平台，都有类似流量购买、流量扶持的能力。在这里，B端诉求和系统能力其实存在一定的偏差。系统能力一般是能够通过一定的策略或算法达到曝光量指标的，但B端用户的真实诉求可能是粉丝数、点赞数、成交额的增长。

在真实曝光到真实转化之间构建桥梁，是推荐系统算法应该担起的责任，这里面包含两个问题：一个是内容质量的预估，优质内容和货品的强制保量分发对推荐场景的大盘指标影响较小,低质内容的强制分发对大盘效率的负向影响明显,而且质量越差,影响越明显,推荐系统要有能力在投放前大致预估内容质量以及分发效果;另一个是内容和货品质量好的情况下,人货不匹配也会对大盘造成负向影响,降低 C 端用户的消费体验。

好的推荐系统要对投放货品所属品类有正确的预判,同时对投放人群的画像有准确的预估,以实现合理的人群圈投。这样,在同样的投放曝光规模下,可以实现更好的投放效果。

3.2.3 投入产出比

从消费者触达到私域流量管理,是 B 端用户希望通过平台实现的终极价值。更低的 C 端用户触达成本,或者电商中常说到的获客成本,是对 B 端用户的核心吸引力。这是 B 端用户体验中很重要的一部分,也是平台增长或可持续发展的重要竞争力。B 端用户从他的 C 端粉丝群体中直接或间接获得商业收入后,能为其持续地投入乃至创新提供动力,也能帮助平台留住用户,转化为平台的竞争力。

B 端用户的投入一般包括两部分:一部分是在平台外的投入,例如视频创作者进行内容创作相关的开销,商户进货成本和仓储物流成本;另一部分是在平台内的投入,例如视频内容的流量包、商户的站内广告等。

抛开前者不谈,不同发展阶段的 B 端用户(新用户/商户、中等级用户/商户、有品牌感知的高等级用户/商户)对 C 端用户的触达成本敏感度不同,因为他们在推荐系统中自然分发的竞争力是不同的,同时,不同平台的商业价值也不同。一个合理的用户等级-触达成本分布曲线,有利于良性的 B 端生态的塑造。B 端用户都是用脚投票的,会自然而然地向投入产出比更高的平台聚集。

以视频平台为例,新创作者在高商业价值的平台上,对投入产出比的敏感度较低,在一个比较成熟的上升机制下,商业价值是可以预见的。他们愿意在初期进行比较大的投入,以获得足够的粉丝基数,逐步形成粉丝自然增长的正向循环。在这一阶段,一个明确的量化指标是,一个新人账号在粉丝量级到达多少时,才可以形成稳定的自然传播和增粉。

推荐系统的一个优化目标是,配合流量购买的机制(买赞、买粉或是买评论),为新创作者提供更精准的营销效果,让他们感到物有所值。

反过来,在较低商业价值的平台上,新创作者往往会感受到投入产出比有明显的差距。这个时候,创作者生态基本是买来的。于是,流量不一定会为产品带来收入,反而有可能消耗成本。这部分成本,源自为了构建生态而引入站外优质创作者所产生的补贴成本。这时,推荐系统的一个优化目标就是,如何快速精准地为这些创作者带来稳定的粉丝群体,让他们愿意驻扎下来，持续供应（差异化）内容，在维持较好的 B 端体验的同时，为平台节约成本。

在这个例子中，我们可以为推荐系统设定流量包转化效率或者新人留存率等指标，用来评估推荐系统的性能。以此类推，我们需要深入业务，为 B 端投入产出比的其他维度设定合理的目标，并根据目标去设计、优化推荐系统。

3.2.4　基尼指数

基尼指数是一个 B 端生态健康度的观测指标。基尼指数本身是从经济学领域借鉴过来的概念，我们平时听到最多的是用于衡量国民收入差距。广义的基尼指数用于衡量某一个属性维度下，属性的纯度。一般来说，基尼指数越小，纯度越高。在推荐系统中也有类似的概念，其定义如下。

$$\mathrm{GINI} = 1 - \sum_{i=0}^{m} p_m^2$$

其中，p_m 是某一个属性在所有属性中所占比例。

以电商垂类运营业务为例，假设美妆垂类在平台中的曝光量占比为 0.3，女装占 0.4，男装占 0.3，那么这个平台的各垂类曝光基尼指数为 0.66。如果美妆占 0.8，女装占 0.15，男装占 0.05，那么曝光基尼指数为 0.335。我们可以发现，后者基尼指数较低，其分发也向单一的美妆品类集中。从综合型电商的定位来看，后者的生态是较差的，用户心智也过于单一，不利于平台的成长。

这个例子里，可能有平台发展阶段的问题、货品的问题，也可能有推荐系统的问题。假设站内用户有不同的兴趣，但推荐系统并没有满足这部分兴趣，那么就会体现为较低的基尼指数。这时，我们就需要去探究推荐系统是哪个环节出现了问题。

除了上述例子之外，我们还可以定义不同属性（如商铺维度）、不同统计量（如点击、购买量）的基尼指数，辅助评估不同的业务问题。

3.3　C 端业务：C 端用户体验的评估维度

对于 C 端用户体验，我们注重的是准、优、全这 3 个字。"准"对应的是兴趣相关性，即所推荐内容是否与用户兴趣匹配。"优"对应的是内容质量，即所推荐内容是否达到一定的质量门槛，能够为用户提供好的消费体验。"全"对应的是结果多样性和推荐惊喜性，即是否能覆盖用户当前的主要兴趣，是否能帮助用户发现新的兴趣。

3.3.1　兴趣相关性

用户在平台的消费行为以及人口学属性决定了用户天然存在一定的兴趣分布。针对用户兴趣，推荐结果的准确度是推荐结果的主要评价指标。由于我们往往很难获得用户的真实兴趣，C 端用户的隐性反馈是我们衡量兴趣相关性的主要标准。由此而来的人均曝光点击率(人均点击次数除以人均曝光次数)是一个通用的观测指标。同时，针对不同的业务场景，还有不同维度的自定义观测指标来反映用户与喜好的匹配度。

例如，视频分发平台会观测一个视频的有效观看总量(比如可以定义观看 5s 以上为一次有效观看，用户明确接收到了内容有效信息)、人均累计观看时长、人均播放完成率等。电商平台可能会观测人均曝光转化率(购买数除以曝光数)、点击转化率(购买数除以点击数)、人均消费总额等。

3.3.2　内容质量

推荐内容质量对于用户留存有隐含的关系。对于曝光充分、转化率高的推荐内容，其质量往往不会太差，大量后验数据(指分发后的统计验证数据)可以侧面反映内容的质量。然而，由于人工审核能力有限，新内容往往容易出现质量问题。

根据自身业务特点，制定同时包含先验和后验数据的质量分级体系，是推荐系统必不可少的组件。例如，视频分发平台可以从封面图清晰度、标题质量、内容质量等先验角度，以及实时分发曝光点击率、播放完成率等后验角度，构建质量分级体系，进而在分发阶段，对系统分发的平均质量进行有效监控。

3.3.3　结果多样性

结果多样性也是一个不容易量化的体验向观测指标。多样的结果展示一方面有利于降低用户浏览过程中的疲劳度，实现一次会话场景内收益的最大化；另一方面有利于内容池内多元内容有充分的曝光机会，进而有利于品类基尼指数的合理化分布。

如果一定要量化观测推荐的多样性，该如何定义呢？首先要明确的是，除了结果多样性指标，其他观测指标都是单结果维度的，也就是评估某一个推荐的内容货品与用户交互后，在某一度量指标上的优势与劣势。而多样性是定义在集合上的指标，一般来说，定义的是用户一次请求到来后，返回包含多个结果的集合的多样性。

多样性的计算维度与业务对内容的切分定义有关。例如，在电商场景中，我们可以度量结果集合上价格区间的多样性，也可以计算结果不同品类的多样性。最简单的，我们可以通过在每一个维度上计算熵来定义多样性。对于用户体验来说，多样性也不是越高越好。直觉上看，优先保证主需求有稳定的曝光机会，同时给次需求、潜在需求合适的曝光机会，能形成效益最大化。于是，在推荐学术领域，我们才会有结果列表整体推荐优化的技术方向。

3.3.4　推荐惊喜性

推荐惊喜性是一个乍一听比较主观的评估指标。对于这一指标的度量，业内看法不一，主要是对"惊喜"一词的定义不同。个人认为，惊喜性的推荐，从字面意思上就是预料之外的推荐。在用户和推荐系统长期交互的过程中，如果不加干预，很容易形成信息茧房，推送的是一小部分用户想看的内容或与过去常看内容类似的内容。

惊喜性和多样性有些类似，是要推荐"主兴趣"之外的内容，但惊喜性更注重"命中兴趣"，即用户和这个预料之外的内容交互后，命中了其自身的长尾兴趣，或者开发了新的兴趣。比如，给一个经常看书法题材视频的用户，推荐了插花艺术题材的视频，并产生了较高的播放完成率。插花艺术在系统对该用户的用户画像中未曾出现过，那么我们可以认为这次推荐是一次成功的惊喜推荐。

在这里不妨扩展开介绍如何实现惊喜性。惊喜推荐的实现路径，是通过人群试投（在特定的用户群体上小规模试水）到人群放大（通过人群的相似属性逐步扩大投放面）来逐步实现的。

首先，我们对用户群体有一个基本的、大致正确的人群划分。可以基于人口学维度，例如年龄、性别、收入水平等进行划分。其次，推荐系统需要有人群圈投的能力和机制，将不确定投放效果的内容，在圈选的潜在偏好人群中小范围试投放。最后，通过系统的协同过滤、相似推荐的能力，实现优质惊喜内容的人群扩大。例如，A 看过某视频 i，观看效果良好，那么就把视频 i 推荐给与 A 画像十分相似的 B。

针对惊喜推荐，本节仅提供一些可行思路。当然，我们还有其他方式提升推荐惊喜性，并且会有相应的评价方式，这里不再赘述。

3.4　平台成长：平台价值评估维度

商业公司都希望从自己提供的服务中进行商业变现。无论是 B 端价值还是 C 端价值，重点都在用户体验上。平台作为商业实体，自然更加关注效率相关的目标。电商平台希望通过提升成交规模、成交总额来扩大利润空间，而内容平台有的会通过信息流广告、流量贩卖获得收益，有的还通过提供定制化服务来取得收益。

没有公司只想做一锤子买卖，算法工程师在效率指标的压力下也要始终保持清醒，不能以损害用户体验为代价，换取短期指标的增长。例如，通过提升客单价，我们可以把贵的商品排在最前面，性价比相对高的商品排到后面几页。短期内用户可能会因为心智较为稳定，懒于下刷而在前面几页就完成交易。但长期来看，用户会减少购买频率，也会快速聚集到性价比更高的其他平台。

在体验的基础上提升效率是平台成长的基本准则，因而我们会看到下面的几个评估维度，既是每个平台关注的效率指标，也糅合了一些体验向的元素。

3.4.1 产品调性和品牌印象

这是一个非量化的指标，就像每家店面都有自己的招牌一样，每个平台、每个 App 都有自己独有或稀缺的品牌特点。

常有人说："一个 App 只能有一个主心智。"这句话的意思就是，用户和产品在长期磨合中形成了对产品的一种固有印象，我们称之为用户心智，例如用户到淘宝就是买东西的，而不是看电视剧的。我们看到过很多"既要又要还要"的平台，试图通过强行扭转用户心智来扩大商业版图，最后都经历衰败直至关闭。用户认知明确对于一个平台的存续有着至关重要的意义，而首页推荐又是很多平台共有的场景。

有时候，首页推荐作为平台的脸面，会深刻影响用户的心智。如果一个用户打开某电商 App，首页推荐场景全是铺天盖地的"9 块 9 包邮"，那么用户很容易形成这是一个线上批发市场的心智，他下次的回访很可能是因为最近家里缺卫生纸了。如果这个平台想扭转用户印象，提升客单价，大概率会在首页推荐场景里，适当混合推荐一些高单价、高品质、较高性价比的商品。

3.4.2 消费与转化率

消费与转化不仅与平台收入相关，也与用户黏性、用户增长有潜在的关联。不同的平台有不同的消费、规模相关的指标，这类指标也是纯粹的效率指标。推荐算法工程师在进行场景优化的时候，往往更注重 AB 实验的相对指标增长。在实际情况中，AB 指标的增幅往往不能代表实验全量生效后大盘规模的增长。推荐算法工程师在实验推全（将实验优化后的配置推送至全部流量并生效）后，还需要关注规模变化。

对 AB 指标增长但规模不增长的实验保持观测，分析相对增幅消弭的原因。尤其要警惕过于重视效率优化而导致体验下降的常见问题。

3.4.3 高、中、低活用户留存

出于对人群属性、数据准确度的考虑，我们通常会将人群按活跃度进行划分，分别优

化。因为高活跃度用户往往交互行为比较多，相关数据丰富，所以画像一般比较准确。

针对高活跃度用户，推荐系统关注的是如何持续用优质、新鲜的内容留住他们。中活跃度用户对平台的忠诚度处于摇摆期，品牌辨识能力也较弱，行为较为稀疏，画像不够准确。推荐系统应当关注的是如何将内容池中的品质好货推送给他们。我们不太需要关注推荐新鲜度，而是应该更关注提升回访率，将中活跃度用户向高活跃度用户转化。

低活跃度用户包含两类群体，一类是新用户，另一类是长期沉默后的回归用户。对于新用户，平台主要通过优惠内容、热门高质量内容去吸引，这里推荐系统能做的比较少，大多是通过新用户来访渠道对用户做一定的区分推荐。例如，在其他平台通过热门内容或者广告内容唤起的新用户，与通过大促活动吸引来的新用户，关注的焦点不同，在推荐选品上可以做策略区分。

对于回归用户，推荐系统往往需要先判断用户价值，采取有针对性的策略。例如，电商平台下，有的回访用户是低消费意愿的羊毛党，仅仅由优惠活动唤起，那平台可能会将其定义为低价值用户，不再通过优惠活动吸引他们。

对于低频高消费用户，可以通过一定的数据分析和策略进行挽留，探索其次要兴趣，使其由低频逐渐向高频转化。

3.4.4　活跃用户量

活跃用户量是平台的核心关注指标。活跃用户是真正能为平台带来价值的用户，有时候甚至影响平台市值。低频消费类的 App 更关注长周期的活跃用户规模，例如电商平台更关注 MAU(Monthly Active User，月活跃用户数)，因为它们的用户平均消费频率以多天累计计算。高频消费类的 App 更关注短周期的活跃用户规模，例如社交平台、资讯类 App、视频娱乐 App 关注 DAU(Daily Active User，日活跃用户数)，因为它们的用户每天都有此类消费诉求。

除了活跃用户量，与活跃用户密切相关的指标，例如活跃用户的年龄分层、购买力，也是平台以及投资方关注的维度。推荐场景的活跃用户量无法直接当作优化目标，因为它不是通过一个优化动作就可以撼动的指标，往往是一系列动作才可以产生日积月累的影响。推荐算法工程师应当以此为终极优化目标，密切关注与此相关的各种间接优化目标，多路并重以形成联动效应。

3.5　评估方法概览

有了多维度、立体化的评估体系，本节介绍如何评估优化动作的效果。

3.5.1　用户调研

用户调研的主要目的是，评估较难通过日志数据分析进行量化分析的指标或者无法被自然量化的指标，例如用户对推荐商品质量的感知、性价比的满意度、视频内容与真实兴趣的匹配度等。

用户调研的方法有很多，常用的如：委托第三方机构对用户进行调研，以站内有奖问卷的形式进行调研，通过汇集客诉的形式发现体验问题，以及通过人工客服回访电话抽样调研。由于用户调研的成本往往比较高，因此不适合作为高频迭代时的常规评估手段。合理的评估机制是，在一系列联合优化动作后进行整体评估，或者固定周期，比如按月进行满意度调研和行业竞品对比。

3.5.2　离线评估

离线评估是推荐算法迭代时的常用评估手段，主要是在离线环境中，对算法改动、模型优化的效果进行评估。离线评估通常是在线评估的前置步骤，这是因为在线评估的成本一般比离线评估要高，如果一个变更明显没有收益，甚至有负向的效果，那就没必要占用线上流量进行测试了，以避免伤害用户体验的风险。

离线评估一般通过离线样本测试集合进行评估。离线测试样本包含两种，一种是理想样本，也就是人工标注，可以认为是准确样本的测试集。例如我们要测试一个标签或类目预测方法的效果，就可以通过人工手段对货品标签或类目进行标注，并在这个集合上验证标签或类目预测的准确度。另一种是真实交互样本，其本质是将线上的交互信息记录下来作为离线测试集。例如，当我们要测试一个新开发的排序模型的点击行为 AUC 指标时，可以将线上已经发生的真实交互记录下来作为离线测试集。

用真实交互样本做离线评估需要注意时间穿越问题，这也是新手常犯的错误。时间穿越问题，本质是线上线下时间一致性的问题。大多数推荐系统迭代都会经历模型天级更新这一过程，即线上进行预测的模型一天更新一次，一天内保持不变。而推荐预测的本质是根据过去的历史经验预测未来的行为。测试集与训练集合的时间要与线上实际情况一致，才能保证离线测试的效果到线上也可以复现。

下面列举常见的模型评估指标的概念和计算方法。

首先我们要理解样本，在二分类的情况下（以点击与否为反馈信号来构造推荐系统样本的一般形式），我们的样本只有两种类型：正样本（positive sample）和负样本（negative sample）。在模型预测时，有 4 种情况：样本为正，预测结果也为正，叫作真阳性（True Positive，TP）；

样本为正，预测为负，预测错误，叫作假阴性(False Negative，FN)；样本为负，预测为负，叫作真阴性(True Negative，TN)；样本为负，预测为正，叫作假阳性(False Positive，FP)。

准确率(Precision)，即预测为正的样本中有多少为 TP，计算公式如下。

$$Precision = \frac{TP}{TP+FP}$$

召回率(Recall)，即有多少为正的样本被预测正确，计算公式如下。

$$Recall = \frac{TP}{TP+FN}$$

F1-score，又称平衡 F 分数(balanced F score)，被定义为精确率和召回率的调和平均数。定义 F1-score 的目的是，当我们对一个模型既追求精确率又追求召回率时，两个目标往往会产生冲突，那么为了更好地选择模型，我们需要融合两个指标得到一个单一可比的分数，其定义如下。

$$F1\text{-}score = 2 \times \frac{precision \times recall}{precision + recall}$$

ROC(Receiver Operating Characteristic，接收者操作特征)曲线是分别以假阳性率和真阳性率为轴所绘制的曲线，如图 3-1 所示。

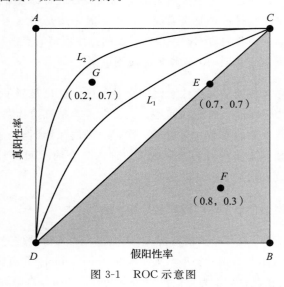

图 3-1   ROC 示意图

利用同一个分类器，设定不同的判别面（以二分类为例，我们可以设置模型输出高于 0.5 为预测正样本，反之为预测负样本），并统计不同判别面下的真阳性率和假阳性率，就可以绘制出 ROC 曲线。ROC 曲线越弯向左上方，代表模型效果越好。为了更好地表征这一性质，我们统计曲线下方阴影面积，得到 AUC 指数。当我们对预测的结果按照模型预测概率排序时，AUC 也可以理解为排序的好坏。

在现实生产过程中，按照上述方法，通过求积分的方式得到 ROC 曲线下的面积来计算 AUC 时，开销往往过大。我们可以用另一个方法进行计算。首先，将样本按照分数从大到小排序，然后我们统计正样本的分数大于负样本的分数的概率，其定义如下。

$$\text{AUC} = \frac{\sum_{i \in \text{positive}} \text{rank}_i - \frac{M(1+M)}{2}}{M \times N}$$

其中，M 为正样本个数，N 为负样本个数，rank_i 是第 i 个正样本在排好序的样本列表中的序号。

在推荐系统中，我们是给每个用户进行推荐，而在用 AUC 评估模型时，我们一般把所有用户的样本混在一起进行全排序，这不利于反映给每个用户推荐的效果。因此，AUC 常常无法反映线上的效果。于是，我们利用分组 AUC，即 gAUC 来评估模型，其定义如下。

$$\text{gAUC} = \frac{\sum_{u \in U} \text{AUC}_u}{|U|}$$

其中，U 代表所有用户的集合，AUC_u 代表仅利用用户 u 的样本计算的局部 AUC。

当排序模型由单目标进化至多目标排序时，AUC 类评价指标就会失效，这是多个目标之间的冲突造成的结果。此时，为了更好地评价模型的排序效果，仍然需要定义一个列表维度的评估指标，来评估整体的排序效果。假定最优排序的规则给定后，我们得到列表中每个样本的序号。这时，可以使用 NDCG（Normalized Discounted Cumulative Gain，归一化累计折损收益）指标来计算排序效果。

NDCG 是 DCG（Discounted Cumulative Gain，累计折损收益）的归一化版本，用来表征一个模型排出来的列表与标准列表对比的效果。模型排出来的结果和标准列表越接近，NDCG 的分数越大，定义如下。

$$DCG = \sum_{i=1}^{p} \frac{score_i}{\log_2(i+1)}$$

$$IDCG = \sum_{i=1}^{p^*} \frac{score_i}{\log_2(i+1)}$$

$$NDCG = \frac{DCG}{IDCG}$$

其中，DCG 是按照标准列表进行计算的，而 IDCG 意为 Ideal DCG，是理想状态的 DCG，即模型预测的排序和标准排序一致的情况。DCG 中的 p 是按照标准列表排列后，得到的列表的序号的最大值。IDCG 中的 p^* 是假设模型预测的序列和标准序列一致时，列表序号的最大值。从数值上讲，$p=p^*$，因为要区别 DCG 和 IDCG，所以换用 p^* 表示，象征在计算 DCG 和 IDCG 时，两个列表的内部顺序不同。计算时，IDCG 是按照模型预测的排序进行计算的 DCG。NDCG 是二者比值。

3.5.3   在线评估

在算法和模型都经过离线评估验证后，在以下两种情况下适合做线上预测。第一，离线评估确认有收益，需要线上评估具体的数据指标收益；第二，离线评估无明显负向效果，且离线指标与线上指标无明确因果关系。如果新的算法优化和尝试虽然可以进行离线评估，但无法通过离线评估的指标好坏来推断线上收益的正负，则可以在人工评估确认无明显损害用户体验的问题后，直接进行线上实验。

绝大多数的变更，需要遵从严谨的变更流程，需要通过小流量线上实验进行观测。一般线上实验周期为 7 天，因为大多数 App 的用户都遵循 7 天工作制，以此为周期生活。7 天的实验跨度可以比较明确、全面地观测新方法随着用户生活周期的变化趋势，以取得稳定可靠的收益结论。当然，特殊情况下可有所调整，缩短实验周期。

除此之外，什么样的变更可以不遵循上述变更流程，直接全量上线呢？一般是对已明确定位的线上漏洞进行紧急修复，或者从代码逻辑、产品逻辑上推断对线上效果没有影响的功能性变更等。

3.6   AB 实验

AB 实验就是我们常说的对照实验。在进行对照实验的过程中，我们通过控制变量法来评估所关注的变量给系统带来的影响。例如，控制两个实验流量桶 A 和 B，只有排序模型不同，其他配置、参数都相同。这样，如果 B 相对于 A 有明显的指标收益，那么就可以确定是模型的优化带来的。

通常情况下，我们可以对线上流量按比例切分，保留一个基准桶（即采用当前稳定的基准配置做对照桶），剩下的流量可以均等切分为实验桶，这样就可以并行进行多组实验。本节对线上 AB 实验的设计和流程进行详细介绍。

3.6.1　AB 实验中的流量切分设计

首先，我们需要寻找合理的流量切分规模，可以利用用户的设备 ID 进行比较均匀的流量切分。这一切分方式的缺点是无法保证人群分布的一致性，在人群分布一致性较差的系统中进行实验的弊端是会产生很大的系统性误差。更具体地，即我们常说的 AA 误差。

顾名思义，AA 误差就是在两个实验桶的所有变量完全一致的情况下，两桶数据指标对比所存在的误差。当不同流量桶的人群分布显著不一致的时候，AA 误差会十分显著。当 AA 误差显著到不可忽视的时候，我们的算法优化产生的 AB 实验相对提升将完全不置信。在新实验配置初期，我们需要探究 AB 实验最小流量切分。什么时候需要做新实验配置呢？一般是因 App 内部交互方式改版之类带来的新交互场景启动，例如在首页导航栏加入新标签，点击标签可以跳转至新页面。

从日志数据监控的角度来看，新交互场景启动初期，一定数量的用户会通过各种引流措施进入新的场景，这段时间场景大盘的各项指标会慢慢趋于稳定，这个时候我们可以根据经验对流量进行切分，例如从大盘流量中分流出几个每天到访用户数在十万左右的实验桶以及一个大流量基准桶，采用完全相同的配置观察多天。

如果几个小流量 AA 桶以及大流量基准桶的各项人均指标基本相等且比较平稳，那么可以说明分桶中用户人群分布较为均衡。如果我们想要试探分桶最小流量，那么就可以设置多个更小流量的 AA 桶进行观察，找到指标相对平稳的最小流量规模即可。

其次，我们需要找到合适的流量实验模式。回顾一下垂直实验的设计模式和正交分层实验的设计模式。垂直实验就是对场景内的用户只通过一次哈希算法，分别打散到互不影响、互相独立的实验桶内。正交分层实验就是将整个推荐服务执行链路拆分为多个相互之间耦合性较低的组件，根据这种拆分对用户多次执行哈希算法形成多个分层，在每个分层分别执行不同的模块逻辑。

穷有穷的玩法，富有富的玩法。"富"指的是场景流量丰富，可以按照垂直分桶的切分模式切分足够多的桶，满足算法并行迭代使用。"穷"指的是场景流量规模本身就很小，实际情况是推荐算法工程师在试点性场景进行优化工作，在效率做到足够好、具备承接大流量能力时再规模化扩流。这个时候要并行迭代，可以通过拆分正交分层的方式增加实验数量。同时，最小流量规模也不是一个不可以逾越的下限。在流量紧张的情况下，可以将流量拆分得更小，只要保证 AA 桶相对波动不太大即可。这个时候，实验推全流程会更加复杂。

3.6.2　AB 实验的通用流程

一个算法实验的生命周期通常包括离线实验及验证、在线 AB 实验及验证、实验大流量反转观察、实验推全，这几个流程。离线实验及验证我们不必多讲，就是对想法的初步验证，通过一些离线数据、样本的校验，保证对线上效果没有太大负面体验影响的情况下，才可以进入线上实验阶段。

通过上线流程，我们的实验在某一个小流量实验桶配置生效。通常情况下，如果实验初期收益明显正向，保证实验能够收集到完整的 7 天数据后就可以进入大流量反转阶段。反之，如果上线后，实验效果明显负向，我们不需要等到 7 天，在大致确认实验存在问题后就应尽快下线。

为什么负向实验需要尽快下线呢？因为无论哪个实验桶，都是在和真实的用户进行交互。同时，日志数据也会被收集并记录。在流量宝贵的情况下，所有的日志样本都会被用来训练模型，那么负向的交互样本也会用来训练模型，对模型可能产生无法预估的影响。总体来说，所有的线上实验，尽管实时流量相互独立，也可能会互相产生影响。

小流量实验如果有显著受益，为什么要先进行大流量反转才可以真正全量呢？原因在于我们上线小流量实验的时候，某些观测指标是不客观的。例如新开发的模型，用了复杂的结构，在小流量下不会超时，因为服务器资源压力较小。在大流量反转阶段，可能因为流量压力的扩大导致系统超时概率增加，进而导致收益缩窄。7 天小流量实验后进行大流量反转实验持续观察，是为了定位潜在问题。

大流量反转的具体操作是，在其他的流量桶，包括基准桶，都更新当前实验的新配置，在原来做小流量实验的实验桶内配置之前基准桶的老配置，进行对比观察。观察指标合理的情况下，可以将新配置覆盖所有流量，进行推全。

3.6.3　实验结果的显著性校验和关联分析

在流量不足的前提下，我们可能会做各种流量切分设计，导致实验桶之间 AA 波动过大。为了保证实验优化相对指标提升的置信度，我们可以通过显著性校验的方式对结果进行检验。显著性校验需要对随机变量的总体分布做一个假设，要检验的是实验数据的波动是否是由实验配置或参数不同引起的。

那么如何做好这个假设估计呢？最简单的做法就是在 AA 桶上收集各指标的波动数据，进行分布估计。有了这个估计以后，我们就可以用各种检验方法，对 AB 实验的波动进行检验。常见的检验方法包括 t 检验和卡方检验。

我们的一个实验，往往引起不止一个指标的波动。在多个指标的波动中，做一些统计变量关联分析，可以帮我们更好地理解推荐业务指标。常用的关联分析包括变量相关性检验，也属于统计学常识。

3.6.4 实验报表与监控报警

推荐算法的一次实验时间很长，每次实验变更产生的影响，很多时候是不可预知的，尤其是深夜、周末等非工作时间，出现的一些问题我们可能无从感知。实验平台需要对重要指标设置监控报警，防止问题扩大。另外，自动计算、可视化的实验报表也是有助于实验迭代速度的重要部分，可以将推荐算法工程师从烦琐的日志解析、校验、计算工作中解放出来，更多地关注实验设计和算法效果。

常用的实验报表设计有两类：天级报表和实时报表。天级报表汇总的是流量桶内一天的数据，而实时报表是以时间窗口动态汇总计算窗口内的实验数据，并可视化为指标曲线图，展现实时的效果变化趋势。

两类报表都需要配合实验类型（垂直实验或分层实验）和实验流量分配的哈希算法映射，将所有流量桶上我们关注的效率指标进行自动化计算，并可视化地呈现在网页中。以短视频平台为例，我们既要实现对人均观看个数、人均点击率、人均累计观看时长等指标绝对值的展示，也要实现实验桶相对于基准桶的指标相对变化，以及多天变化的统计显著性校验，方便推荐算法工程师解读实验效果。

实时报表除了应用于解读实验效果，还常作用于异常监控报警。正常情况下，我们进行的推荐实验不会相对于基准流量产生巨大的差异。一旦实验桶的实时效果数据相对于基准桶的效果产生巨大跌幅，就意味着实验可能出现了某些问题。有些问题是离线检验很难定位到的，例如一些比较隐蔽的代码逻辑问题，或者在大流量压力下系统链路整体的超时问题等。通过定义一个合理的、相对于基准流量桶的跌幅百分比阈值，可以实现异常报警机制，在效率超跌的情况下触发报警，辅助推荐算法工程师定位问题。

推荐系统的数据工程

从推荐系统的工作原理来看，数据是驱动推荐系统正常运行的能量来源，是系统的"血液"。推荐系统需要的数据主要包含两大部分：内部数据和外部数据。内部数据主要源自企业的核心资产，例如商品标签。外部数据则来源于用户，例如用户行为。

企业通过各种渠道获得的内部和外部数据，处于一种非常原始的状态，无法直接被推荐系统消化，还需要在此基础上进行加工和处理，例如构建标签体系和用户画像。

第二部分将详细介绍如何进行内部数据和外部数据的获取与处理，以及在数据获取之后如何构建推荐特征体系。

第 **4** 章

业务标签体系

顾名思义，标签是对人或物的某个特质的高度概括。如果看到或听到一组标签，我们能够自然而然地在脑海中形成大致印象，那么这就是一组成功的标签。标签体系是推荐系统基础数据体系中的重要组成部分，它对于业务运营和算法优化都有着至关重要的作用。

4.1 业务标签体系概述

业务标签体系是将无组织、无结构的海量数据中抽象出来的结构化知识，与业务运营的意志相结合，随着业务的发展不断自我完善、新陈代谢的知识体系。人的大脑对知识的处理模式，是将知识结构化，以便于理解、记忆和应用。同理，我们将被推荐内容的某些共性抽取出来并进行结构化的组织，以便于进行特定的运营动作（如圈货招商）和算法优化（如特征构造）。

4.1.1 业务标签体系的含义

步入超市，我们会看到薯片放在休闲零食区，可乐放在饮料区，五粮液放在酒水区。通过超市导航牌的指示，我们可以快速定位想要购买的物品。各种薯片品牌不停推出新的口味，甚至品牌自身也会更新换代，而超市零食区的位置和导航牌几乎不发生变化。通过对各种薯片做"零食"的抽象来组织货品，我们可以看到标签的基本定义（事物特质的抽象）以及标签的基本用途（货品的组织）。

我们换一个角度，薯片是油炸食品，那么超市为什么不把薯片打上油炸食物的标签，和炸鸡、炸鱼放在一起呢？主要是因为薯片虽然也属于油炸食物，但同糖果、瓜子之类的食品类似，属于非主食类休闲食品，放在一起可以让人联想到茶余饭后、亲朋聚会的休闲时光。而炸鱼、炸鸡等肉类熟食一起陈列于无包装展柜里，搭配合适的灯光，散发诱人的香味，可以让人联想到饕餮美餐，更有利于销售。

由此看来，标签的选择依赖于业务特性。融入业务运营意志的标签体系，是特异化的标签体系，也就是我们本章要讲的重点——业务标签体系。具体来说，业务标签体系就是从业务目标的角度出发，根据行业或领域知识，为内容和用户设计并绑定的结构化知识体系。

4.1.2　业务标签体系的价值

业务标签体系大多数时候不仅用于推荐系统设计，对搜索、广告、用户增长等常规平台型 App 场景的运营和算法都有重要意义。

首先，对运营人员来讲，业务标签体系有助于他们对内容、用户进行管理和组织。绝大多数的产品都需要通过频繁的运营活动维持 B、C 双端的活跃。不同性质的活动，盘什么样的货，面向什么样的用户，是不可能靠蛮力去盘点的，需要有科学、可靠的组织方式。例如，一个针对高净值低频次客户激活的 3C 数码类产品特卖活动，就需要有针对性地进行选品和圈人。而选品和圈人，就依赖基于标签的用户及内容组织。

其次，业务标签体系是理解用户的窗口，可以辅助构建站内用户画像。用户画像对制定产品发展战略、实现商业价值有重要的意义。

最后，业务标签体系对算法的效率有着决定性的意义。一方面，业务标签体系是对内容和用户的多维度、多层级的知识抽象，它本身就是一种基础的表征，便于接入算法模型，强化算法模型对内容、用户的表达能力；另一方面，业务标签体系作为抽象层级较低的数据基座，支撑着算法特征体系、知识图谱等高度抽象的结构化数据的搭建。而这些高度抽象的数据又决定了算法模型的效率以及推荐系统的可解释性。

4.1.3　标签体系为什么要业务定制化

脱离了业务意志的标签体系没有业务价值。合理定义标签体系的基础是引入业务领域知识，而标签体系迭代的指导方向也是不断解决业务中遇到的标签错误等问题。所有的推荐内容都有多个维度可以进行描述，而我们往往只选取对业务有意义的一部分维度，求准而不求全。贯穿本书的业务驱动思想，依然适用于业务标签体系的设计，从实操角度看，主要包含以下几个原因。

第一，标签的集合属性对业务特性有依赖。标签作为一种离散化的数据，可以抽象理解为数学中的集合。我们知道，集合有开集和闭集之分，同时也有势（cardinality）这一属性来描述集合的大小。由于业务特性不同，标签集合的属性也不尽相同。以电商平台为例，商品的多级类目标签体系，可以依据国家行业标准进行制定，并且长期不会变更，是比较典型的闭集；而对于短视频产品来说，用户的兴趣总在频繁变化，话题标签则往往是一个动态增减的典型开集。电商平台商品的 SKU(Stock Keeping Unit，库存量单位)规模往往在十亿级别，叶子类目集合的量级在十万级，而短视频平台的细颗粒度标签集合则可以到达千万级别。

第二，因为业务用途不同，所以同义的标签也会有不同表述。从数据简洁性和系统维护便利性的角度看，算法工程师希望使用一套长期稳定、语义明晰的标签体系，对内容和用户进行建模，对用户的兴趣进行记忆，例如"爱情""二创"等。这种仅限于内部使用的标签，一般被称为自用标签，而与此对应的，在某些交互形态上，用于标记内容并向用户展示，以吸引眼球的标签，被成为外显标签。这种标签的表达往往是风格化的。与本段的例子相对应，可以有"纯爱""虐恋"，以及"高燃混剪""一分钟快看解说"等。

第三，在特定的产品阶段、业务场景和运营意志下，标签的含义需要即时更替。这种现象往往发生在统计类、行为类、活动类标签上。例如"N 天内热门"这类标签，是根据最近 N 天内被浏览、点击次数达到一定阈值 X 才会添加的标签，窗口 N 和阈值 X 都需要根据当前的场景、业务、活动等情况进行调节。

总的来说，业务标签体系的构建是以业务诉求为导向进行设计并不断优化迭代的体系。

4.2　业务标签体系的设计思路

业务标签体系的设计包含两方面——概念设计和系统设计，本节详细介绍这两个方面。

4.2.1　业务标签体系的概念设计

业务标签体系的概念设计，指针对标签所描述的内容、知识体系进行设计，主要包含描述维度和描述粒度。实用的标签体系大多不止一套标签，往往是多套并存的，分别描述推荐内容的不同属性维度，因而从属于不同的概念类别。例如，标签"奇幻""武侠"可以用来形容某个视频的"影视题材"。针对同一个视频，演员名字则可以用于视频里的"人物构成"。这两套标签体系互不重合、相互补充，分属不同的概念类别。

概念粒度用来描述概念的细致程度。例如，标签"武侠""宫廷"都从属于标签"古装"，因为"古装"相对而言概括程度更高，描述粒度更粗。从粗到细的一级标签加上横向概念类别维度的拓展，形成了层次化的立体标签体系，如图 4-1 所示。

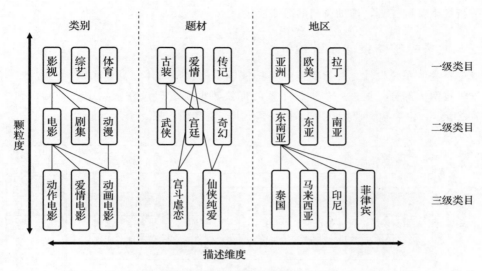

图 4-1　视频网站标签体系示例

在设计业务标签概念体系时要遵从如下 3 个基本原则。

第一，紧密贴合业务诉求。例如，电商网站会根据用户的搜索行为、市场洞察和行业垂类制定货品运营策略，如果近期潮玩成为高消市场，负责标签体系的运营、数据人员就会增加"IP 潮玩"的分层类目和标签体系。

第二，层级类目颗粒度要适中，层级之间应当保证覆盖内容的数量级合理。例如，实践中低层标签应当保证单标签内容覆盖数量不低于 100 个（可以根据自己业务的实际情况进行定义）。覆盖数量太少说明标签描述不够抽象、过于小众，进而导致该标签很难与用户兴趣匹配；覆盖数量太多，则会和中层标签的功能冲突。不同层级之间，需要保证几十到几百的数量级差距。具体数量并没有绝对要求，可根据业务形态进行调整。合理的层级设计会对推荐系统有极大增益，便于算法捕捉不同粒度的用户兴趣。

第三，底层标签需要尽可能避免歧义。例如，"苹果"既可以指代水果，也可以是公司名、手机品牌名、歌曲名等，那么它就不适合做底层标签。而"苹果手机"适合做底层标签，因为它在大众常识中没有歧义，在推荐系统的标签召回中，就不会产生召回的兴趣噪声。如果用户的兴趣是"苹果手机"，通过"苹果手机"标签召回的电商内容是 iPhone13、iPhone12 等手机商品，而通过"苹果"标签很可能召回的是苹果相关的农副产品，降低了推荐体验。

业务的精细化运营就架设在我们搭建好的层次化标签体系之上。基于标签基础数据结构化，我们可以实现货品结构化、可视化的数据报表，进而为内容消费分析、行业分析、用户分析提供基础工具，辅助公司的战略决策。

4.2.2 业务标签体系的系统设计

业务标签的系统设计主要指支撑业务标签体系的软件载体。具体来说，包含数据仓储和运维管控两大部分。更进一步地，完整的标签数据系统架设在数据中心基础设施之上，如图 4-2 所示，主要包含原始数仓、中间层、生产层和应用层。

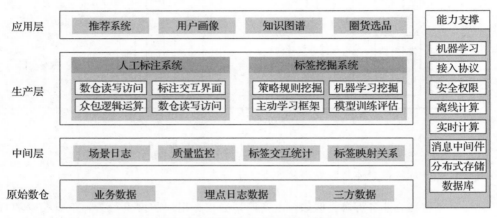

图 4-2 标签体系所依赖的数据系统架构和能力支撑

原始数仓就是数据中心，主要用于存储原生的业务数据、埋点日志数据、三方数据等数据资产。业务数据主要指在业务运营中产生的数据记录，如行业分析、活动复盘等；埋点日志数据指 App 日志记录下来的系统运行数据和从用户侧采集的行为日志数据；三方数据指的是通过购买或其他正规渠道获得的具有一定业务价值的数据。

中间层是为标签数据专门设计的数据中间层。我们把业务数据、埋点日志数据、三方数据中，标签体系最关注的特征、属性从原始数据中清洗、抽取出来，按照标签体系的需要，组织成多个中间层数据表。例如，针对统计类标签——用户活跃度，我们需要从原始日志表中剥离出各个场景（如首页推荐、搜索框）的曝光日志表、点击日志表、购买或观看日志表等低层级的中间层表，然后基于这些低层级的中间层表，进一步计算各场景全部用户的 1 天、3 天、7 天、14 天、30 天到访次数、曝光卡片数、点击卡片数、购买或观看次数等基础特征，形成了高层级的中间层用户特征表。这些中间层表会提供给上面的生产层使用。

生产层主要囊括了不同类型的标签生产能力，大致可以划分为人工标注系统和标签挖掘系统。人工标注系统需要实现数据中心内容库内容的主要描述信息如内容标题、图片、视频、价格等的查询和呈现，并可以通过可视化界面对内容进行标注、纠错、改写，将标注信息与内容做好关联并写回数据中心存储。为了保证标注的置信度，我们还需要实现多人标注甚至众包的运算逻辑。在算法驱动的人机协同标注系统里，还需要实现算法模型的访问服务。

标签挖掘系统需要实现基于规则的标签挖掘服务以及基于模型的标签挖掘服务。基于规则的标签挖掘服务本质上是实现基于数据库语言的统计计算能力。例如，我们要给一个商品打上"宝妈都爱买"的标签，那么我们可能会这样设计统计规则：最近 7 天，属于母婴品类，在 22～30 岁女性群体中成交额最高的前 3% 的商品。

运营人员会将规则的口语化表述转换成简单的 SQL 数据库脚本语言写入平台，平台调用数据中心的服务执行规则脚本，并为执行结果集合中的商品打上对应的标签。基于模型的标签挖掘服务则是实现通过各类统计学习、机器学习算法模型进行大数据标签挖掘的能力。例如，我们可以通过 NLP 模型对商品评价页面的用户评论进行挖掘，抽取"品质好物""持久耐用"等标签；也可以通过关键帧检测加人脸识别模型，抽取用户上传的影视二创视频中的明星名字作为视频标签，通过主动学习降低人工标注成本。

应用层实现的是基于现有标签体系提供数据中间层或 API，实现标签体系和各类应用的连接。例如，我们可以利用标签体系、标签与内容的关系和数据分析挖掘能力，构建平台的知识图谱；我们还可以利用数据中心的基本能力，基于标签中间层数据和统计分析能力，构建标签特征中间层供推荐算法模型使用。常用的标签特征如某个用户最近 7 天常看的视频标签，某个商品最近被哪个标签召回转化效率最高等，我们也可以基于标签体系和用户行为日志构建用户画像，详细内容将在第 5 章讲解。

4.3　业务标签的挖掘方法

本节主要介绍模型类标签的挖掘方法。在介绍之前，我们先明确闭集和开集的概念。

顾名思义，闭集是封闭的集合，标签闭集就是不改变内容或在很长一段时间内不发生变化的标签集。开集是开放式集合，是可以任意动态增删的集合。通常情况下，在我们的业务标签体系中，较高层级的标签一般采用闭集，而较低层级标签可以采用开集。

这样的设计有利于业务稳定性和迭代平衡性之间的均衡。例如，我们会把专业媒体制作的数字内容划分为新闻、综艺、电影、电视剧等。电影标签又可以细分为纪录片、科幻片、爱情片、动作片等。这两个层级只有在行业发生显著变化时才会重新划分。动作片再进行细分就会有成龙系列、甄子丹系列、张晋系列或者泰拳电影、传武电影、枪战电影、超级英雄电影等不同维度，而这一层级往往会配合时代潮流的变迁不断地变化，适合按开集设定。本节要介绍的各类标签挖掘模型算法主要是向这一层级贡献标签。

4.3.1　提取式标签挖掘

提取式标签挖掘的目的是将内容自带或原生语料中存在的标签提取出来。例如，某个商品的标题是"春秋轻薄保暖内衣男款"，我们把"春秋""保暖内衣""男款"提取出来成为标签。我们也可以将电影中的演员名提取出来，作为描述这部电影的标签。

我们不难发现，提取式标签挖掘的过程可以粗略地概括为语料库搜集和关键词提取。语料库搜集的内容越多、来源越广，我们提取出来的标签覆盖的维度就越广、描述越全面。常用的语料库搜集方法包括：站内文字收集、站内图片物料文字提取、站内视频物料文字检测（如字幕提取、语音转文字），以及站外相关内容爬虫技术。

基于语音的文本获取算法，常常在视频形式的内容中使用。视频内容有大量的音频信息，在没有独立字幕的视频文件中，成为获取描述视频内容额外文本信息的重要来源。具体的方法一般是通过音频转换技术得到音频信息对应的文本，然后根据文本标签抽取技术，得到对应的标签实体。

从输入信息源的角度，基于图像的文本抽取算法可以分为图片理解和视频理解技术；从信息抽取方式的角度，可以分为光学字符识别技术（Optical Character Recognition，OCR）和视觉实体识别技术。

从信息源的角度看，视频理解技术和图片理解技术没有本质区别，将视频切割并抽取关键片段或关键帧后，就退化为图片理解技术。

OCR技术是直接抽取图像中的文字，并将其转换为文本。转换完成后，就可以接入文本标签抽取技术。视觉实体识别技术是对视觉信号（像素）所形成的实体进行识别，典型的技术应用就是人脸识别，当然，也可以用于识别任意形状的物体。物体识别技术手段一般包括目标检测和物品分类。

当获得足够的文本预料后，我们可以利用基于文本理解的标签抽取算法，获得我们需要的标签。其中，最基础的标签抽取方法是对语料库进行中文切词。中文切词包含两个重要组件——中文词库和分词工具。中文词库的构建过程繁杂琐碎，初期可以购买通用词典和行业词典，后期可以通过业务迭代，逐步对词库进行纠错、扩增，形成平台自建词库。分词工具可以利用开源的高效工具（例如 jieba 分词），后期也可以自定义改造，丰富分词工具算法。

在积累了一定的行业和平台独有的语料以及标注数据后，我们就可以使用 NER(Named Entity Recognition，命名实体识别)方法进行实体提取和挖掘了。NER 方法和分词方法的区别在于以下两点。

第一，分词工具大多基于规则进行分词，速度快且稳定性高。NER 方法大多基于 NLP 算法，速度较慢且稳定性较低。

第二，分词工具的结果颗粒度需要人为控制，很难应对千变万化的语料，并给出高可信的分词结果。而 NER 方法可以基于统计学习模型给出符合大多数人常识的较好颗粒度的分词结果。例如，针对"南京市长江大桥"这个短语，一般分词工具为了召回准确度高(也就是结果中尽可能包含最佳标签实体)，会以不同粒度对短语多次切割，其结果可能是"南京市""长江""大桥""南京市长""江大桥""长江大桥"等，而 NER 方法会输出置信度较高的"南京市""长江大桥""长江""大桥"这几个结果。

在实践中，我们可以将分词工具和 NER 方法配合一定的业务规则做定制化，产出我们需要的标签。

4.3.2 生成式标签挖掘

生成式标签挖掘方法和提取式方法最大的区别在于，生成式方法要做到"无中生有"，提取出原始语料中不存在的词作为标签。生成式方法包含单模态生成式标签挖掘和跨模态生成式标签挖掘。模态指的是语料的信号形态，语言文字是符号信号、语音是声音信号，而图片、视频是视觉信号。在同一种模态中做标签生成就是单模态标签生成，在不同模态中进行标签映射就是跨模态标签生成。

以电影《怒火重案》为例。剧情简介中的一段文字如下，"重案组布网围剿国际毒枭，突然杀出一组蒙面悍匪对警队人员造成重创。重案组督察张崇邦亲睹战友被杀，深入追查发现，悍匪首领竟是昔日战友邱刚敖。原来邱刚敖也曾是警队明日之星，而将邱刚敖推向罪恶深渊的人，正是张崇邦。宿命令二人再次纠缠，一切恩怨张崇邦如何了断。"

通过生成式标签挖掘的方法，我们利用基于语义理解的方法将这段文字浓缩为"警匪""反毒""复仇"这几个标签。剧情描述中并不包含这几个词汇，模型要如何自动化生成呢？一个简单的思路是，预先定义好我们需要的业务标签集合，然后利用 NLP 预训练模型在行业语料上继续训练得到标签分类模型。

所谓预训练模型，就是在通用语料库上进行大量学习，得到一个对中文词汇语义有一定表征能力的模型，例如基于大规模语料训练的 Bert 模型。而继续训练的过程，也就是学术界常说的 fine-tune 过程，需要我们积累一定量的行业语料，并对其进行较高质量的人工标注。在这个数据集上继续训练，以便于预训练模型可以更好地完成定制化的标签分类任务。

4.3.3 基于主动学习的人机协同标注系统

理想中最精准的标签由人工标注而来，由于数据量十分庞大且属于机械性重复工作，因此我们往往会将标注工作通过外包或者众包的方式完成。真正接触了标签外包或众包实践后，我们会发现，即便我们在交互设计、操作说明上尽可能做到简单、明确和人性化，由于人员疲劳、注意力下降、标准微小变迁等因素，得到的标签质量依然难以保证。实践中，我们会让多个人对同一个内容进行标注，最后通过投票的方式，选出被标记次数最多的标签作为结果。理论上，参与标注的人越多，最后的标签结果越准确，但这会大大增加标注成本。

在这个问题背景下，主动学习被提出作为一种人机协同、降本增效的解决方案。主动学习的大致思路是，通过在较小规模的已标注样本数据上进行学习，得到一个初始模型，利用这个模型在未标注样本上进行选择，自动挑出模型认为困难的未标注样本，将其交给人工进行标注。这个协作系统的人工部分就剩下只在困难的小样本上进行再次标注的工作。这个过程可以循环往复，不断用更多的已标注数据强化模型的能力，并利用新的模型对未标注数据进行自动标注，缩小困难数据的规模，逐步减少人工成本。

4.3.4 标签改写、纠错与聚合

在标签生产的过程中，我们难免会遇到对现有标签进行修改的诉求。最典型的情况是，大量标签取自产品的 B 端或 C 端用户。例如，电商平台的商家会给自己店铺上架的商品打上标签，视频内容创作者会给自己上传的视频打上标签。难以避免的是，B 端用户希望利用平台规律换取个人利益，例如，一个连衣裙商品为了蹭近期某明星热点，卖家强行打上"某明星同款"的标签上架，意欲骗取曝光流量。有的时候则是人为疏忽导致标签错误，例如将标签"李子柒"写成"李子七"上传。这就需要我们的平台有标签改写、纠错和聚合的能力。

标签改写分为基础改写和语义改写两种。基础改写包括数字、同义词、上下位词改写的能力，数字改写例如"李子七"改写为"李子柒"；同义词改写例如"武打"改写为"武术"；上下位词改写例如"包臀裙"改写为"连衣裙"。语义改写则是为了增加标签的泛化能力，例如将"初恋"改写为"爱情"，需要具有一定的语义联想能力，这很难通过构建词典来完成。比较简单的方式是训练语义模型，例如利用中文 Bert 预训练模型来实现词表征学习，再通过近义词表征检索来泛化。

标签纠错包含标签作弊识别和错误改写。错误改写需要我们有一个统一的行业词典作规范模板，例如对演员行业构建人名辞典，通过词典匹配算法来做纠错。错误改写只保证统计上的高正确率，不追求绝对正确。

标签作弊检测要配合业务实践进行设计，例如视频标签作弊检测，可以通过各种对应的技术手段来实现。例如，一个视频中没有出现明星 A 或相关信息，但打上了明星 A 的标签蹭热点，这种视频往往在被投放给对应人群后会收到很强烈的负面反馈。我们可以从负面反馈（如负面弹幕、负面评论、举报信息）中利用算法或策略获取有效信息，检测到作弊行为后送人工审核。

标签聚合的目的是缩小标签规模。尽管我们目前讨论的范围仅限于在底层标签上进行各种处理，但我们仍然希望底层标签规模可以有所控制。如果一个底层标签覆盖的内容只有十几个，那么这个标签的利用率一定是十分低下的。这是因为这个标签的描述范围太小众，颗粒度过细。

相应地，这种标签很难与大范围人群的兴趣匹配，进而被召回利用。而大多数小颗粒度的标签，其问题往往来自信息冗余或次要信息的复合。例如，"明星 A 街舞""明星 A 唱歌""明星 A 说唱"等标签可能是在生产过程中复合了不重要的信息，我们可以通过识别核心实体的方式将这些标签简化，统一聚合为"明星 A"。而实现核心实体识别的一个简单方法就是通过分词权重的计算进行拆解和信息去冗余。

4.3.5　标签权重计算

标签权重的计算方法可以分为基于统计的方法和基于内容理解的方法。

1. 基于统计的方法

基于统计的方法中，最常用的就是 TF-IDF（Term Frequency-Inverse Document Frequency，词频-逆文件频率）方法。TF-IDF 方法原用于信息检索和文本处理中确定词的重要度。把标签当作词，就可以计算标签的权重。一个视频的标签会有很多来源，比如通过视频标题分词、用户上传、人工打标、人脸识别、评论挖掘等方式获得。在获得的众多标签中，可能会有一些标签重复出现多次，比如一个视频的 10 个原始标签中，明星 A 出现了 4 次，那么 TF 就等于 0.4。在平台全视频库的 1000 万个视频中，带标签"明星 A"的视频出现了1000 次，那么 IDF 就等于 4，最后明星 A 的 TF-IDF 权重等于 1.6。

2. 基于内容理解的方法

基于内容理解的方法，就是要从内容相关的各种素材语料中获取核心描述信息。内容理解在整个机器学习和人工智能领域都是一个困难的命题。我们可以通过一些折中的方法获得我们想要的结果。我们可以类似地根据具体业务的情况设计一些策略并结合语义理解的算法模型，来获得标签的权重。

我们利用不同的基于内容理解的标签抽取技术获得了大量的标签实体后，面临两个重要的问题，首先要进行标签去噪，接着需要进行权重定义。

标签去噪包含两个方面：一方面是标签准确度问题，除了不断优化模型提升准确度以外，常用的方式是，通过设定一个置信度阈值对模型预测概率低的标签进行过滤；另一方面是标签对齐问题，例如，"bill Kin""马群耀""BK"指的都是同一个人，为了得到更简洁的标签体系，我们需要构建行业知识库，结合实体对齐算法，将标签映射为同一个短语。

在对标签去噪后，我们可以通过两种方式获得标签的权重，一种是投票机制，我们将不同渠道（例如人工打标、OCR、字幕、NER、人脸识别）得到的标签，根据经验（不同渠道的置信度）设置不同的渠道权重，每个渠道内部的标签根据置信度赋予每个标签不同的权重。这样，一个标签的权重可以将不同渠道的打分按权重求和。例如，人脸识别得到标签"安妮·海瑟薇"，置信度为 0.9，渠道权重为 0.6；文本 NER 得到标签"安妮·海瑟薇"，置信度为 1.0，渠道权重为 0.8；最终"安妮·海瑟薇"的权重为 1.34。

我们还可以通过多模态对齐算法，对各渠道的信息进行融合，对每个标签输出一个唯一、可比的分数，直接得到标签的权重。这一方法的优点在于自动化计算、分数可比；缺点在于与其他多模态领域的算法一样，依赖大量的高质量标注数据，并且继承了机器学习可解释性差的缺点。

4.4   业务标签体系的评估方法

在搭建好业务标签体系后，如何对标签体系的质量进行评估一直是平台基础技术建设团队的工程师和产品运营人员的痛点。如果标签体系的构建者可以理解标签体系应用方的诉求，那么他们就可以对评估方法有更清晰的认知。标签在推荐系统中的应用既是一种重要的召回策略和手段，也是重要的模型特征。本节从离线评估和在线评估两个维度阐述如何评估标签体系构建、迭代优化过程的质量。

4.4.1   离线评估

离线评估中最简单也最重要的方法就是人工评估。通过随机采样的方式，从平台内容库中随机抽取小规模的内容，由人工对比新老标签的质量和准确率。衡量指标包括标签准确率（评估质量）、平均单标签覆盖内容数（评估标签覆盖率）、平均单个内容的不重复标签数（评估标签描述的全面性）、标签权重的合理性（评估权重算法质量）。具体的评估方法为，邀请多位业务专家，对随机抽样的内容按照标准进行打分，最后综合多人打分的结果，得到人工评估的结论。

我们还可以通过离线模拟线上推荐服务的方式对新体系进行评估。这种评估方式的思想是，在离线模拟环境中创造除标签体系外其他模块都相同的对照实验环境，通过一些离线指标反映新老标签体系的效果。比较常见的方式是通过替换标签召回和特征体系中的标签服务来实现。首先，搭建离线的模拟环境。这一步可以通过在隔离的集群（如预发集群）中拷贝线上服务。接着，根据用户的行为历史日志，构建模拟所需的样本，例如用户的曝光点击记录。然后，通过控制模拟环境的执行逻辑来接入新、老标签服务。最后，将推荐结果与用户日志的反馈结果进行对比和数据统计（例如计算离线 hit rate 或 AUC）来评估效果。

如果我们模拟的是标签召回的离线效果，那么可以统计 Top 50 的正样本召回率；如果我们评估的是基于标签的特征体系对在线结果的影响，那么可以对比接入新、老标签特征的排序模型的离线 AUC 等指标。

4.4.2 在线评估

在线评估方法就是通过在线 AB 实验的方式评估特征体系优化的效果。因为标签体系是推荐系统的模块之一，所以在高度模块化实现的推荐系统中，AB 实验可以通过执行逻辑控制来实现。具体地，内容的标签和用户的画像都是以数据索引的形式提供在线服务。虽然实现简单，但成本很高。这是因为标签体系以及构建于标签体系之上的用户画像往往数据规模庞大，在线 AB 实验的存储和计算成本都很高。因此，只有在标签体系发生巨大变动的情况下，才会进行在线的 AB 实验，以保证用户体验不会出现显著问题。

值得注意的是，当在线实验接入新的标签体系时，受其影响的下游算法模型往往不会立刻完成适配，这是因为算法模型都是基于历史的用户行为数据进行学习的，新的标签体系的影响仅会覆盖小流量的实验桶，即实验桶中产生的样本数据才是受到新标签影响的数据。我们需要积累新标签体系影响的样本，用以重新训练对应的算法模型，才可以观察到新标签体系对线上效果产生的实际影响。

第 **5** 章

用户画像：业务层面的人格抽象

用户画像是推荐系统的基石，也是精细化运营的前提。通过将平台沉淀的海量用户行为数据抽象为标签数据，并以用户个体的维度将信息聚合，形成用户的抽象人格。而这个人格，一定是基于业务简化的人格。

第 4 章介绍了标签体系一定是业务定制化的，在此基础上构建的用户画像，也是业务定制化的。电商平台只会关心用户的购买力和兴趣导向，以及这些因素随着用户人生阶段变化而发生的变迁。通过构建用户画像，结合相关的业务特点制定策略并驱动算法优化，才能充分发挥企业数据资产的潜力。

5.1 用户画像概述

本节对用户画像的具体含义和价值进行阐述。

5.1.1 用户画像的含义

用户画像是从业务视角出发，通过合法合规的渠道和方式，将获取的用户数据进行加工，进而形成精简的、标签化的形象描述。

用户画像往往包含多个维度，可以分为两大类——元画像和行为画像。

- ❑ 元画像是用户的固有属性，不随平台、企业关注的业务变化而变化，例如用户的年龄、性别、职业等信息。
- ❑ 行为画像是用户的行为倾向性，以及将用户与平台、系统交互所产生的数据进行处理计算得到的用户描述，例如用户的活跃度、累计消费、消费兴趣倾向等。

将这些数据以标签的形式与用户唯一身份标识绑定在一起，就形成了用户的画像信息。

狭义的用户画像主要指的是 C 端用户的画像，广义的用户画像还可以纳入 B 端用户。例如电商平台的商铺、外卖平台的店家、直播平台的主播或内容平台的 UP 主。无论是 B 端用户还是 C 端用户，其画像的构建都遵循同样的方法论。

5.1.2 用户画像的业务价值和算法价值

1. 业务价值

用户画像是企业理解用户的核心手段，也是业务发展的基础设施。通过用户画像，企业可以洞察市场的变化，快速制定战略，也可以通过用户画像反观自身、理解产品的用户心智。通过用户画像，运营人员可以将营销、运营的颗粒度细化到个人层面，实现精准触达。例如，运营人员可以根据大促主打品类和商户画像筛选符合某些特征的商家，也可以将人群细分，根据不同人群分层做新品试投、爆品圈选和垂类打造。更具体地讲，用户画像是企业精准营销和精细化运营的基础。

用户画像是企业的核心数据资产之一，在信息时代，一切数据皆有价值。构建用户画像不是一蹴而就的，也不是凭借流量自行积累的。构建用户画像需要企业投入大量的人力、金钱、时间，并且根据业务发展的需求，不断进行动态丰富、优化，其业务价值是无法估量的。

2. 算法价值

对于推荐算法来讲，没有用户画像就无法进行个性化推荐。用户画像是推荐系统实现高效率的基础，用户画像的精准度对算法的影响也极其深刻。用户画像或直接或间接地参与到推荐系统的各个模块中，直接通过用户进行内容召回，就是用户画像直接影响推荐系统的例子。在推荐算法的特征体系中，用户画像以及在画像的基础上进一步开发的特征是推荐算法模型的重要输入，这体现了用户画像间接影响推荐结果。

在用户画像粗糙、噪声大的情况下，推荐算法需要容错率更高。反过来说，如果用户画像足够准确，那么即使最简单的推荐算法也可以达到很好的推荐效果。

5.2 用户画像设计

本节主要介绍用户画像体系和系统设计的方法论。

5.2.1 用户画像概念体系设计

与标签体系类似，用户画像也是一类特殊的标签系统，需要在认知上进行业务定制化设计。

1. 认知概念设计

从认知表达的角度看，用户画像可以从两个方面进行设计，一个是元画像，另一个是行为画像。

元画像是用户的固有属性，主要是指用户的人口属性和社会属性。很多市场营销方案都基于元画像的属性进行人群细分，并制定相应的策略，例如下沉市场的宝妈群体，就是按照居住地和年龄进行圈选的。

社会属性指人的社会关系所带来的属性特点。通过社会属性，用户画像会突破表格或树状结构，形成网状结构。例如婚恋状态以及婚恋对象、受教育程度以及毕业院校、收入状况以及就职公司、职业以及同事关系。这些信息不仅描述了用户的个人状态，也将用户与社会中的其他个体或组织联系了起来，形成一张知识图谱。

行为画像主要指用户行为倾向或由用户行为触发产生的对用户形象的刻画，主要包含用户的兴趣属性、业务（消费）属性和风险属性。

兴趣属性主要指用户对各类客观实体的主观喜恶倾向，包含以下两个方面。一方面是与平台或产品的服务相独立的兴趣，例如爱好足球、美食、穿搭、旅游等，可能是用户在接触产品之前就存在的兴趣。另一方面是与平台提供服务挂钩的兴趣。例如用户在视频平台养成的观看游戏解说或美女舞蹈相关的视频兴趣。这类兴趣属性是通过挖掘用户在平台中长期消费的历史日志得到的。

业务属性或消费属性，主要是从业务诉求的角度，对用户的元画像属性或行为画像属性的深度挖掘或再次诠释，包含用户的消费心理、消费动机、消费模式等。这类属性的定义和设计与业务形态强相关，不同的业务对同类的标签有着不同的定义。例如，从用户活跃度的角度看，短视频平台可能认为，一个月没有打开 App 的用户是低活用户，而电商平台可能认为，一个月没有进行消费的用户是低活用户。

虽然不同业务对用户的业务属性有着不同的诠释，但也有以下共同之处。

第一，活跃度定义。定义用户的活跃度包括唤醒模式、到访频次和场景偏好。唤醒模式指用户如何进入 App，例如主动打开、被动唤起、推送唤起等；到访频次指用户的使用频率，例如一周一次、一天一次，或者一天多次；场景偏好指用户对 App 内不同的功能场景的偏好，例如有的用户打开 App 后会浏览推荐页面，而有的用户则直奔搜索框。因为用户对不同场景的偏好不同，所以我们往往还会定义场景的高中低活用户，并进行人群细分。

第二，消费心理。常见的商品消费心理包括从众、求异、攀比和求实。数字内容的消费心理则主要包括娱乐、社交、解压和求知。用户的消费心理并不一定是排他的，可能兼具多种属性。同时，根据用户在特定业务场景下的行为表现，我们还可以将用户的消费心理进一步细分。例如，在数码产品类目下有攀比心理，在服装类目下有求异心理。

第三，消费动机。消费动机往往包含两大类，个人因素和环境因素。个人因素一般指由主观需求触发形成的消费动机，例如纸巾、垃圾袋等常规家用商品的需求；环境因素比较复杂，包含个人受到社会关系、收入变化、社会氛围、广告宣传等因素的影响所产生的消费行为。

第四，消费模式。消费模式刻画了用户在一定周期内的消费行为特点。以电商平台为例，消费模式从目的性角度主要分为冲动性消费和目标导向性消费；从需求满足角度主要分为低频次消费（例如婚纱租赁）、周期性消费（例如日用品）和发展性消费（例如课程学习或摄影发烧友设备升级的诉求）；从价值转化能力角度主要分为沉默用户、价格敏感型用户、高净值客户等。

风险属性主要指用户为平台带来舆论风险、法律风险或价值风险的属性。

内容平台对舆论导向负有重要的社会责任，舆论风险指用户与正确的舆论导向相违背的风险属性。例如，内容平台应当引导青少年积极向上、适度娱乐、树立正确的价值观。因此，对于喜欢传播负面、不实信息，引导错误价值观的用户，平台会打上舆论风险相关的标签，加强对此类用户的内容监控。

法律风险主要指平台中用户利用平台进行违法行为所带来的风险。例如电商平台会关注 C 端用户和 B 端用户是否存在恶意刷单、利用 App 漏洞获取不法利益等行为，关注 B 端用户是否有制假售假、非法借贷等欺诈违法行为，并为这些用户打上不同程度的风险级别标签。例如，当固定的几个 C 端账号在店铺中发生大量购买行为，且购买周期与产品使用周期严重不符时，则存在较高的刷单风险。

价值风险指用户行为或潜在行为可能对公司造成显著资产损失。例如 C 端用户的数据爬虫、恶意网络攻击行为会对平台造成直接的损失；在金融类 App 上，用户的还款能力与用户的借款成功率以及平台坏账率挂钩。这就要求平台能够通过用户的行为特征构建用户的价值风险标签。

风险属性标签很少用于推荐系统的模型，一般会直接影响系统的机制，例如黑白名单的设计、内容的过滤机制。

2. 维度设计

有了认知概念体系，还不足以清晰地刻画用户画像，我们还需要从时间和颗粒度两个维度去丰富这个体系，获得对用户画像更完整的表达。

颗粒度维度的设计主要是针对描述性标签的概括程度，这一点与标签体系一致。以电商为例，颗粒度的画像标签设计可以配合标签的层级结构进行分析。标签体系可以分为一、二、三级标签，用户的兴趣也可以分为一、二、三级偏好。例如一个用户的一级偏好是女装，二级偏好是裙装，三级偏好是连衣裙、修身、灯芯绒等。

刻画时间维度的用户画像是为了缓解用户画像在时间轴上不均衡的问题，主要分为实时画像、短期画像和长期画像。不难理解，划分依据一般是时间周期，而时间周期的确定依赖具体的业务形态和场景。例如，对于长视频平台来讲，用户的剧集消费周期较长，短期兴趣可能定义为近 3 个月的剧集类型偏好。而在短视频平台上，用户的短期视频消费偏好可能定义为近两周的视频类型偏好。

除了时间周期窗口不同外，不同时间维度的用户画像的区别还体现在更新周期和描述颗粒度上。实时兴趣一般表达用户突发性的需求或热点需求，因此实时画像在三者中更新周期最短、描述颗粒度最细。用户的主动搜索行为、全网的热点事件都可能触发用户的实时兴趣，因此实时画像有实时更新的诉求，描述的颗粒度也会具体到小粒度描述，如"飞盘运动穿搭"。

短期画像的更新周期次之，描述颗粒度较粗。例如，用户近两周的短期画像，可以一周更新一次，以滑动窗口的方式进行统计计算。对应于"飞盘运动穿搭"，适合放入短期画像的标签应当如"飞盘运动"。这样可以方便为用户推荐"飞盘运动装备""飞盘场地"等相关内容。

长期画像主要为了刻画用户比较稳定的兴趣或倾向，不需要频繁更新（如半年一次），也适合用更粗略的表述（如"户外运动"）。

5.2.2   用户画像数据系统设计

从数据关系层面去理解，用户画像就是构建用户 ID 和标签结构化数据的映射关系。我们先介绍 ID 系统。从 1 开始，为每一个用户设置一个全局唯一的数字 ID，每增加一个用户就增加一个新的数字 ID，这就是最简单的数字 ID 系统。针对 C 端用户，可以通过设备指纹数据枚举和映射的方式得到设备 ID。在用户使用各种设备发起请求的时候，我们可以获取用户的设备型号（如手机型号）、设备 MAC 地址、厂商定义的设备 ID 等。

因为数据有一定的排他性、唯一性，所以可以结合起来剔除噪声，构造设备的"指纹"，而这些指纹信息可以帮助我们定义平台的设备唯一 ID。由于 B 端用户，必须通过平台账号才可以与平台进行合作、使用平台的服务，因此，我们可以为 B 端用户的账号生成全局唯一 ID。

我们之所以不用 C 端用户的账号生成全局唯一 ID，是因为平台大多数时候会允许用户在无账号状态下进行访问，包括通过第三方接入服务产生的无账号访问。出于安全、隐私等风险控制的考虑，我们不会把设备 ID 明文对内（内部数据系统）、对外（网络传输日志）暴露，而是会使用一些编码方式生成密文来使用。

有了 ID 系统，我们就可以从平台数据中心抽象出一个画像子系统，如图 5-1 所示。画像系统的整体结构与标签系统类似，不同之处在于画像系统是在标签系统的基础上延伸出来的系统。

图 5-1　用户画像系统示意图

画像系统的数据源既包括埋点日志、第三方数据等未加工数据，也包括源于标签体系、实时计算得到的加工过的数据。在数据源的基础上，我们通过直接收集、人工规则统计可以产生一部分画像数据。处理好的画像数据以及特征数据可以用来标注、训练机器学习模型，用于预测一些缺失的画像数据。

在应用层，画像产品或服务会通过某种协议或接口，为各类下游应用提供以用户 ID 为主键的在线、离线画像查询服务，以标签为查询主键的圈人运营能力以及可视化的数据分析监控能力。

5.3　用户画像的构建与迭代

本节主要介绍用户画像的构建与迭代方法。

5.3.1　人工挖掘方法

用户画像标签的人工挖掘方法主要有 3 种——站内收集、他方收集和规则统计。

站内收集是从 0 搭建用户画像的主要方式。例如，通过一些奖励方式吸引用户完善个人信息或填写调查问卷，是大多数 App 常用的基础画像标签获取方式。

他方收集一般有两种模式：一种是公司委托第三方专业用户调研机构，针对站内用户给出一部分种子用户的调研报告，并将其推广至全部用户；另一种是不同的平台或产品之间存在用户群体重合，或从一个 App 孵化出衍生的 App，彼此通过数据共享的方式获取用户画像标签，互相补充。

规则统计主要是人为设定统计计算逻辑，根据站内用户的历史交互数据对标签分门别类。用户的兴趣属性、消费属性、风险属性都属于行为属性，可以通过用户的行为日志结合平台特性、业务领域知识来分析和计算。例如，用户最近 30 天观看篮球主题视频的次数高于 10 次，平均观看完成度高于 60%，则可以认为用户有"篮球"这个短期兴趣画像标签。

5.3.2 基于机器学习的挖掘方法

基于机器学习的挖掘方法有两个前提条件——平台积累了一定规模的用户数据，以及有充分的数据标注的人力投入。

常规的基于机器学习的标签挖掘算法可以抽象为数据获取→特征生成→数据标注→算法预测→评估校验。

数据获取包括数据的采集、清洗、去噪、对齐，获得以用户 ID 为主键的样本数据。

特征生成是在前一步获得的样本的基础上，经过问题定制化的计算逻辑，获得机器学习模型训练和预测所需要的特征数据体系。

数据标注是在数据获取的基础上进行的。它不是必要的步骤，视获得的数据类型和缺失标签的分布而定。当待预测的标签属性分布与用户样本数据分布差异巨大时，需要进行补充标注。例如，A 用户群中有充足的带标签样本，而 B 用户群中没有，这就形成了标注信息在不同用户分布中的不平衡，那么在此基础上训练得到的模型的预测能力会很差。再举一个例子，视觉语音信号的数据源完全依赖人工标注，例如人脸识别、视频场景识别等，需要人工将视觉信号和文本标签信息之间的关系构建起来，即标签标注。

算法预测包含了算法选型、模型设计、训练预测三部分。算法选型要求我们根据实际的业务需求、当下所具备的条件进行特定算法选择；在选择好算法框架的基础上，对模型结构进行设计，一般采用决策树或深度神经网络模型进行学习，针对具体情况进行结构微调；将实现好的模型代码在训练数据上产出对应的模型，并在测试集合上进行测试，评估模型效果。

评估校验包括两部分，一部分是在算法预测阶段，对产出的模型效果进行评估。在算法预测阶段，将画像预测模型在标注好的测试样本集合上进行评估。这一评估阶段是基础评估，如果在经过人工筛选的标注样本上达不到预计精度要求，就没必要进行大规模的标签预测和生产了。

另一部分是在大规模标签生产结果上进行评估验收和反馈。在测试集上达标的模型，会被用来在大规模未标注、数据属性缺失的用户群上进行标签预测，即缺失标签的生成。由于上一步的测试集是人工随机筛选得到的小规模数据集，并不能代表用户数据分布的全貌；因此我们还需要对生成标签进行大规模的、分人群的评估校验，对模型的可靠度进行摸底，也为后面的优化迭代提供反馈。

在算法预测阶段，我们提到了算法选型问题。从机器学习的角度看，常规的算法选型可以分为两大类，一类是有监督学习算法，一类是无监督/弱监督学习算法。有监督学习算法又可以分为两个子类，一个是直接的标签分类，另一个是相似度学习加近邻检索。无监督/弱监督学习算法则主要指表征学习和聚类算法，特点如图 5-2 所示。

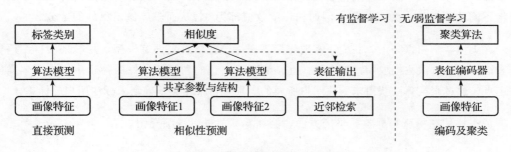

图 5-2 画像机器学习算法的特点

有监督学习中，直接的标签分类就是简单的标签分类模型。模型的输入是根据特定标签预测任务筛选的特征体系，常用的模型结构有深度神经网络或决策树。模型的输出就是标签的类别。

这类方法的优点在于所见即所得，预测的结果就是标签结果。而缺点是人工标注成本很高，随着预测标签类别中标签的个数增多而加大。例如，性别预测的难度很低，一般只定义两个性别类型，但职业标签很多，可能多达数百种，标注难度很高。

有监督学习中，相似性预测是通过学习用户之间的相似度来进行间接的标签预测，其原理有些类似于 lookalike 算法，也与第 8 章会讲到的双塔召回模型十分相似，模型结构也是有两个模型塔，但其实是共享参数和结构的。画像特征通过模型后，再进行一次相似度计算（即度量学习），来预测目标用户和种子用户的相似度。其中，种子用户的标签属性是已知的。训练数据集及测试数据集中，我们只须标注出用户的标签，这些用户都可以作为种子用户。而在学习过程中，可以将同标签的用户之间自动标记为相似度最高，而不同标签的用户标记为不相似。

此外，这类学习方法常用的度量空间可以选择欧式空间，也可以选择内积空间。在预测时，目标用户的标签是未知的，我们可以将目标用户全部通过模型，得到他们的高维表征并构建近邻索引，用以检索与其相似度最高的种子用户。这一流程也与第 8 章讲到的向量召回的学习与检索过程类似。

这类学习方法的优势在于标注成本低，既可以通过标注种子用户的标签来得到样本，也可以仅标注一部分用户和种子用户之间的相似度信息来构造样本。同时还可以得到用户与用户之间的相似度分数。这类学习方法有两个缺点，一个是预测标签的效果不稳定，在预测时，往往需要根据检索到的种子用户的标签，通过投票得到目标用户的标签，那么投票机制、模型精度，都会影响最后的效果；另一个是某些标签之间的相似性很难定义，例如金融分析师、会计师都从属于金融行业，其相似度高于金融分析师和医生，但在我们的样本里都会将不同的职业定义为不相似，例如相似度数值都为 0，从而难以做出更好的区分。

在无监督学习框架下，我们不需要将标签作为监督信息去训练模型，一般采用自编码器等表征学习的方法去抽取用户的表征。在预测阶段，我们利用标注好的种子用户作为聚类的锚定点，通过聚类算法获得未标注用户所属的类别，再根据类别确定未标注用户的标签。

关于评估挖掘所得标签质量的方法，会在 5.5 节进行详细介绍。

5.3.3　用户画像的优化迭代

优化用户画像需要不断沉淀、优化的数据资产，迭代方向主要有两个——数据精度及维度的优化和从设备到自然人的统一。

1. 数据精度及维度的优化

数据精度及维度的优化是指周期性、持续性地提升用户画像在目标群体中的标签精度和覆盖维度。用户画像数据精度的衰减源于两个方面——用户状态的变化和用户规模的变化。

用户画像的设计涵盖了一些用户元属性和基于规则挖掘的属性。这些属性并不是一成不变的，而是会随着时间的推移发生变迁，例如用户的年龄、职业等元属性，购买偏好等行为属性，都会随着用户人生阶段的变化而发生变化。同时，随着业务的发展，可能不断会有老用户离开和新用户入场，对于数据稀疏的新用户，我们的画像描述精度往往不足。

数据精度要从机制建立、流程管理和算法优化的角度分别进行优化。

（1）机制建立　　用户画像精度提升的瓶颈主要在于数据源的可靠度和可靠数据的规模有限。一般意义上，对同一个用户的数据进行持续的采集、积累和清洗可以逐步提升数据的可靠度。同时，专业团队人工收集和标注的数据，也会影响模型和统计策略的效果。因此，我们需要设置周期性画像巡检机制（例如每月一次）和用户标签反馈机制，减少采集过程中产生的噪声，逐年累月积累规模逐步增长的标注数据。

（2）流程管理　　在实践中，可以直接获得或通过统计计算得到的用户标签往往十分稀疏，绝大多数用户标签是借由算法预测得到的。即便有通过模型源源不断的产出的新样本，机器学习模型的表现也不一定能够贴合真实客群的变化。

就机器学习算法来讲，样本分为简单样本和困难样本。算法的精度受困难样本学习效果的制约。我们通常借鉴主动学习的思路进行流程优化，形成模型迭代、结果评估、困难样本挖掘和标注、特征体系优化，再到模型迭代的循环流程。不仅要扩大样本规模，还要完善样本分布。

（3）算法优化　　针对不同的标签预测任务，不存在万金油式的算法模型结构和优化算法。负责维护用户画像的算法工程师，需要不停从分类错误的样本中挖掘错误的原因，借此优化提升模型效果。

用户画像维度的优化诉求主要源自业务的发展和认知体系的变化。例如，当一个电商平台拓展新的二手交易业务时，原有的用户画像即使面对同一批用户以及相似的业务，其描述能力也极其有限，一个人在商家直购和二手交易时的表现可能有很大不同。此外，用户画像与标签体系类似，是弱化的知识图谱。

虽然如此，用户画像仍然是以本体概念为核心的设计。本体是大众有所共识的认知概念体系，用户画像是在此基础上，增加了业务领域知识的概念体系。因此，用户画像应当随着行业的发展、业务的发展和社会共识的变迁，不断地丰富和细化。

2. 从设备到自然人的统一

从设备到自然人的统一是指同一个自然人的多个设备 ID 所对应的画像的统一。家人朋友之间共享账号的概率极高，同时，由于终端设备越来越丰富（例如手机、平板电脑、个人PC、智能电视），用户使用不同的设备登录同一个账号是自然而然的事情。

此外，随着时间的推移，同一个人使用相同设备登录不同账号（例如换手机号后用新号进行账户注册）的概率也大大增加。为了给用户提供精准、一致的消费体验，将多端、多账号统一到自然人、自然家庭的维度是一个重要的方向。

最直接的打通方法包括用户账号的身份验证。通过实名认证的方式，我们可以采集用户的身份证号，与用户的多个账号进行绑定。对于一些允许无账号访问或游客模式访问的App，我们往往无法进行身份验证。对于这种情况，可以通过规则和算法进行账号打通。

通过规则打通账号指设计特定的统计或匹配规则，将不同的账号进行对比匹配，例如，对比常用 IP、地理位置、登录时间规律等，找到其中的共同自然人。然而，人工设计的规则往往难以处理超大规模的稀疏数据，这个时候就需要算法的帮助。常用的算法与标签预测算法类似，可以通过设计定制化的特征和模型结构，获得用户的高维表征，并利用这一表征寻找相似的账号，进行账号关联。

由于可获取数据规模以及算法能力的限制，我们很难实现极高精度的自然人账号打通。对于一些对画像精度要求极高的产品，例如金融类 App，建议使用 App 账号维度的画像。

5.3.4　用户画像权重计算

用户画像权重的常用计算方式是基于统计模型进行兴趣预估，同时结合业务的具体情况进行分析。常用的计算方法包括消费占比分析、TF-IDF 和 TGI 指数。消费占比分析是最简单的统计方法，例如某用户最近一个月观看超过 10s 的视频中，篮球类占 40%、美女舞蹈类占 30%、搞笑类占 15%、游戏类占 10%，那么就可以设置用户兴趣权重为篮球 0.4、美女舞蹈 0.3、搞笑 0.15、游戏 0.1、其他 0.05。

TF-IDF 的计算方法原为计算某个词在被索引文章中的重要度而设计。这里我们可以灵活地理解为用户画像的某个标签在用户所有标签中的重要度，从而套用 TF-IDF 方法进行计算。

TGI 指数的计算公式如下。

$$\text{TGI} = \frac{\dfrac{N_1}{G_1}}{\dfrac{N_2}{G_2}} \times 100$$

其中，N_1 是目标群体中某一标签的数量，G_1 是目标群体数量，N_2 是总体中某一标签的数量，G_2 是总体数量。这些变量的含义需要依据业务形态进行重定义。仍以用户观看视频为例，最近一个月内某用户观看 100 个视频，其中篮球标签出现次数为 30 次；全体用户一共观看了 100 亿个视频，其中篮球标签出现次数为 2 次。那么对这个用户而言，他画像中"篮球"的 TGI 为 1500。

从统计意义上看，TGI＞100 代表特征明显（上述用户明显喜爱篮球）；TGI＝100 代表特征与群体无异；TGI＜100 代表特征低于总体，不显著。

用户画像权重的增益和衰减系数用于在基础统计分析的结果上进行微调。用户兴趣的变化往往没有客观的变化因子，例如历史兴趣随时间衰减的假设在不同的业务中不一定成立。获取用户兴趣的增益和衰减最可靠的方式是分析用户交互反馈。在一个具备一定可解释性的推荐系统中，用户的兴趣内容出现的比例往往与权重数值正相关。

我们可以根据一定的规则设定用户的兴趣衰减（或增益）系数。例如，用户多次对一类内容的推送消费满意度较低，可以在现有权重的基础上乘以一个小于 1 的衰减系数。我们不必同时设置权重增益和衰减规则，因为某个标签权重衰减后，通过整体权重归一化，其他标签的权重就相对增加了。

5.4　用户画像的评估方法

用户画像的评估方法主要分为离线评估和在线评估两种。

5.4.1　离线评估

离线评估是用户画像的主要评估方法。离线评估的主要指标包括画像标签的权威度、画像覆盖率、画像精度。

评估画像标签的权威度是在标签设计阶段进行的。由于画像标签的本质是对公众认知概念的符号化抽象，因此权威度高的画像标签具备见字明义、共识度高的特性。常规的评估流程包含专家评审、业务方评审和一般用户评测。其中，一般用户评测既可以邀请公司内部与此项目无关联的同事进行评估，也可以以 App 内随机投放的方式邀请真实用户参与。

画像覆盖率是针对画像宏观概况的评估，指每一类标签在所有用户上打标的比例，是画像迭代过程中的常规监测指标。随着用户规模、业务的变化，以及算法模型的迭代，不同时期的画像覆盖度是不同的。受画像标签置信度的限制，由某些统计规则或算法模型产出的低置信度标签是不允许打标上线的，因此不同渠道得来的标签覆盖率也不尽相同。我们可以基于数据中心的监测能力，设置自动化的监测任务，去监控各类画像标签的覆盖率。

画像精度指标签的准确率和查全率，准确率指正确标记的标签占比；查全率指标签的全面程度，例如用户的爱好是篮球和足球，只打了篮球标签的话，查全率为 50%。

针对画像精度的评估包含两个阶段：一个是对模型、策略在测试集上的精度评估，在每次模型迭代后，都需要进行评估；另一个是对模型、策略在全用户集合上的精度评估。除了在优化迭代时进行评估，还要进行周期性巡检。

对于不同类别的挖掘算法，也有不同的评估指标。针对分类算法和聚类算法，主要用精确度指标；针对相似度匹配算法，还可以用排序常用的评估指标。

上述手段都是对画像的直接评估，我们还可以利用一些间接手段评估画像效果。我们可以在离线模拟环境中，替换画像服务，来对比新老画像模块对推荐召回策略、推荐算法模型的影响，例如观测模型的离线 AUC 指标等。

5.4.2　在线评估

一般情况下，在经过严格的离线评估后，无须通过在线评估手段，即可直接对在线画像服务进行更新。这是因为画像服务作为一个庞大的在线数据索引服务，进行在线 AB 实验的成本很高。

如果画像迭代产生了新老版本的巨大差异，为了在线服务的稳定性，可能必须要进行在线实验。那么我们可以利用常规的在线 AB 实验实现这一点。

具体做法是，将在线流量随机切分，选取等量的两个流量桶作为实验桶和基准桶。两个流量桶中的在线执行逻辑除画像部分之外完全一致，实验桶使用新画像服务，基准桶使用旧画像服务。通过多天的对比测试，观察实验桶相对于基准桶的表现。如果表现符合预期，则可以将新画像服务全量替换旧画像服务。

第 **6** 章

生态循环的血液：数据获取与处理

对于推荐系统来说，数据是它维持生机和活力的核心要素，这是因为推荐系统自身的优化迭代依赖数据的获取和分析，就如同生命体内流淌的血液一般，数据决定了推荐系统的性能是否具备可观测性、可评估性、可调优性。

那么对于推荐系统算法工程师来说，如何才能最正确、最高效、最具可扩展性地获取数据呢？本章将给出可实际操作的三大环节，埋点日志服务、埋点体系以及埋点日志数据的分析方法，来有针对性地解决数据获取与处理的各个环节中的问题。

6.1 埋点日志服务与埋点体系的设计思想

埋点日志服务是互联网应用程序采集用户与程序交互数据的标准程序框架。

程序日志就如同人写的日记一样，主要指程序在运行时，通过开发者的日志记录代码，将某些特定的信息记录并存储至文件系统中，以便于对程序运行行为进行分析。

在互联网应用软件的研发过程中，我们常提到的程序日志包含两大类：一类是程序自身行为监控日志，用于监控程序运行状态是否存在异常；另一类是数据日志，主要用于收集用户与客户端交互产生的行为数据，比如埋点日志。

埋点日志服务是一个统一的数据日志采集、处理、存储程序框架，而埋点日志服务对哪些数据进行采集、如何采集，则由埋点体系定义。就推荐系统而言，埋点体系设计既要照顾算法的运维诉求，也要考虑业务的可扩展性，尽可能避免"开着飞机换引擎"的尴尬局面。本节首先介绍埋点日志服务的价值，然后介绍一个好的埋点体系的设计思想。

6.1.1　埋点日志服务简介

从工作原理的角度看，我们可以将埋点服务与闹钟类比。假如某人将闹钟设定为每周二早晨六点响起，那么闹钟就会在规定的时间响铃。埋点服务就是在特定的埋点事件下，采集规定的数据，在规定的上报时机进行数据上报传输。需要注意的是，它不仅服务于推荐系统，还服务于整个 App 的其他场景，例如 App 的搜索算法场景也会共用一套埋点服务。本节将从通用的视角出发对其进行介绍。

常见的埋点服务分为两类——客户端埋点和后端埋点。Web 前端和客户端都面向用户侧进行开发，从埋点技术的角度看并无差别，在本章中统称为客户端埋点。客户端埋点用于收集客户端可以独立完成采集的埋点数据，例如曝光事件、点击事件。后端埋点主要采集需要服务端保证正确性、安全性的数据，例如在计算用户观看某视频时长的时候，需要从服务端获取用户播放视频的起始时刻和终止时刻，由于涉及服务端与播放器内核的交互，因此设计为后端埋点更加合理和准确。如果仅凭用户在客户端操作播放控件的事件来判断，各种网络延迟问题通常会导致数据失准。

从数据采集颗粒度的角度看，客户端埋点又可以分为页面级埋点和控件级埋点。页面级埋点在用户进入和离开某个页面的时候进行上报，往往用来采集用户在场景（业务实践中有时把特定页面叫作场景，例如首页场景）维度的宏观行为数据，例如场景停留时长。控件级埋点在用户对某个客户端控件（例如一个购买按钮、一个视频海报图、一个商品卡片等）交互的时候进行上报，用来采集用户对特定控件的微观行为数据，例如通过对信息流卡片的曝光和点击进行埋点采集和数据收集，计算信息流卡片的点击率。

图 6-1 是一个常见的埋点调用过程。当用户第一次打开 App 的时候，客户端会向服务端请求数据，服务端会根据请求处理的结果组装给客户端的返回数据，其中就包括对埋点数据的填充。

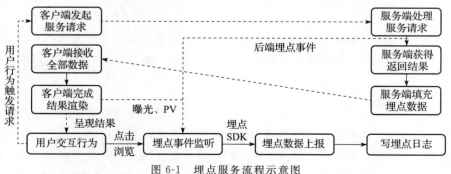

图 6-1　埋点服务流程示意图

当客户端完成对结果的渲染后，丰富多样的内容就展现在用户眼前了。这个时候我们的客户端埋点事件监听就开始发挥作用了，它会监听用户进入首页的 PV（Page View，页面曝光）事件，以及展示在用户眼前的所有控件的曝光事件。此时，埋点事件会触发客户端程序对埋点 SDK 的调用，组装、填充需要上报的埋点数据，并且在合适的时机上传数据，写入数据库形成埋点日志。

如果用户有继续的交互行为，例如点击、下滑、浏览等，会触发客户端埋点监听事件，进行数据上报。如果用户的交互行为触发了服务端埋点监听事件，例如播放器的播放开始或结束，则不需要等待数据回到客户端再上报，在服务端就可以写埋点数据。

注意，图 6-1 是为了简化流程而将前后端埋点事件监听合二为一，实际上前后端的埋点事件是各自独立监听、互不影响的。有时候用户的交互行为会形成新的客户端请求，例如进入新的页面或者下拉刷新，那么就会再次进入上述循环。埋点事件的监听上报会在用户与客户端交互的整个生命周期持续进行。

6.1.2 业务驱动的埋点体系设计思想

从图 6-1 中我们可以看到，埋点体系设计的核心在于埋点事件、数据采集和上报机制。从业务驱动的角度出发，这 3 个核心要素的设计思想主要是对数据完备性、稳定性、安全性的考察。

1. 完备性

完备性指所采集数据足以支撑业务分析、决策和算法迭代。那么，如何确认埋点采集数据足够完备呢？下面提供两种思考角度和设计模式，读者可以根据实际情况灵活使用。

第一种设计模式是基于独立现场还原准则进行埋点数据设计。当用户与客户端交互的时候，我们希望能够通过埋点服务采集"最小必要"的数据，以便我们在之后的数据分析时，可以通过这些数据还原用户当时做了什么。

我们在日志中获取某一条埋点报文（即存储至数据库中的一条埋点记录）时，可以不参考其他报文，独立还原出对应的时间、地点、人物、事件，即用户彼时交互的现场，这就是独立现场还原准则。同时，这条报文所采集的数据对于还原现场刚好够用、不多不少，这体现了其最小必要性。图 6-2 是一个基于独立还原准则的埋点报文设计。

通过图 6-2 的报文我们完全可以推断出用户在点击左图卡片时的状态：我们可以通过 time 得知事件时间，通过 event 得知是点击事件，通过 scene 得知是首页场景，通过 user id、app version 确定用户设备和客户端版本信息。

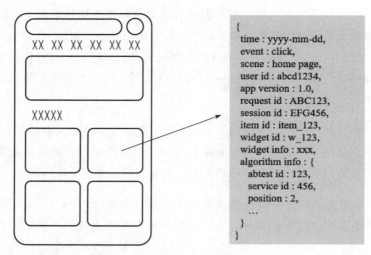

图 6-2　用户点击行为埋点报文示意图

我们对用户的每一次应用请求进行编码，以实现对用户请求的指纹级识别。例如，request id 代表当日内某用户请求的全局唯一 ID，通过它我们可以确认用户何时请求了服务、从服务端获取了哪些数据等信息。类似的，我们可以通过 session id 得到用户在 App 驻留期间对应的会话数据，通过 item id 得到用户点击的内容，通过 widget id 和 widget info 得到对应的客户端控件信息（即可点击的小卡片），通过 algorithm info 了解被点击内容的相关算法信息，例如 AB 实验桶号（abtest id）、调用的推荐服务（service id）、展示位（position）等。通过这些信息，我们就能比较完整地还原用户当时的行为。

第二种设计模式是按数据清单去核验所需要的数据。常见的核验维度包括交互数据、质量数据、用户数据、算法数据。交互数据包括时间、场景、交互事件、交互内容等，质量数据包括各类异常信息，用户数据包括设备 ID、手机型号、操作系统、网络服务、客户端版本等，算法数据包含算法工程师自定义的各类算法埋点信息，例如 AB 实验信息、算法服务调用信息等。

2. 稳定性

稳定性指埋点服务持续高效、正确地采集数据的能力。由于埋点数据是从服务端传输给客户端的，在特定的埋点事件触发后，再上报回服务端，因此埋点数据会占据一定量的网络带宽。为了保证流畅的交互体验，我们必须保证埋点数据的必要性、简洁性。

埋点上报时机的选择也是一门艺术。埋点事件触发即上报会产生频繁的上报请求，存在一定的流量浪费。我们可以在客户端设置缓存，在埋点数据积累到一定量时分批上报，这就会对数据的实时性、准确性造成影响。用户网络状态可能随时发生改变，从而造成数据暂时无法上报甚至数据丢失的问题。在实际工作中，我们往往会根据实际情况，结合使用上述两种上报机制。

3. 安全性

安全性指埋点数据的防泄漏能力。埋点系统每时每刻都在向服务器上传大量的用户行为数据，很多都与用户个人隐私以及公司数据资产有关。

针对安全性敏感数据，通常有两种方案进行保护：一种是对上传数据进行加密处理，另一种是将敏感数据采集的埋点设计为后端埋点。例如，用户成交金额的埋点可以有两种采集方式：一种是在用户交易结束返回客户端后，从客户端上报；另一种是在后端埋点，在服务端交易行为成功发生后，直接由服务端程序埋点记录交易额。后者的安全性更高，因为后端服务器可以在局域网内部完成信息交互，有大量的策略可以防御外部攻击，而用户和服务端之间的信息交互是完全暴露在公共网络环境中的，抵御外部信息劫持的能力相对较弱。

6.2　可扩展的业务埋点体系

本节简单介绍一些被广泛验证、可拿来即用的埋点体系。

6.2.1　SPM 埋点体系

SPM（Super Position Model，超级位置模型）是用来采集交互行为的位置信息的埋点模型。SPM 埋点数据通常是一串由英文句号"．"连接起来的字符串，写作 SPM = spma. spmb. spmc. spmd。SPM 一般用到 4 个子字符串来表达用户的交互位置。（如果场景过于复杂，也可以追加 spme、spmf 等。）SPM 字符串的子串通常被称为埋点位，从 spma 位到 spmd 位依次表达了从粗粒度到细粒度的交互位置关系，例如 spma 代表站点（业务）、spmb 代表页面、spmc 代表区域、spmd 代表控件坑位。

举一个推荐场景的例子。某用户点击了首页推荐场景信息流第 3 个内容卡片的上传者关注按钮，那么其 SPM 可以写作 SPM = site_homepage. home_recommend. card_feed. 3_follow_button。

在实际情况下，我们通常不会把各场景、控件名称写在对应的位置，因为要保证控件名称的全局唯一性远不如用数字 ID 方便，而且控件名称的字符数过多，当我们有了全局场景、控件 ID 映射以后，就可以写作 SPM = 1636. 1382831. 23232. 3_2313。

6.2.2　SCM 埋点体系

SCM（Super Content Model，超级内容模型）用来采集内容相关数据的埋点模型。与

SPM 类似，SCM 也是由英文句号串联的多位数据模型，即 SCM＝scma. scmb. scmc. scmd，其含义可以根据业务方需求自行设计。例如，一种可行的设计为 scma 代表内容投放系统，scmb 代表业务（算法）类型，scmc 代表业务场景，scmd 代表内容本体。

假设用户点击的是一个短视频，视频 ID 为 ABCDXYZ，那么 SCM＝short_feed. recommend. home_feed. short_video_ABCDXYZ。同样的，通过 ID 映射得到 SCM＝992313. 21313. 2677. short_video_ABCDXYZ，其中 scma 和 scmc 看起来都是指信息流，其真实区别在于 scma 代表内容投放系统，代表请求服务端的系统类型，所有的信息流系统都请求同一个服务端系统；而 scmc 代表业务场景，具体指用户可见的业务场景，这里 home_feed 代表首页的信息流。

6.2.3　扩展埋点体系 EXT

通过 SPM 和 SCM 的配合使用，我们可以简单方便地知道用户交互的位置和内容实体。对照 6.1.2 节的埋点设计思路，我们可以通过 SPM 和 SCM 获取"在什么地方做了什么事"的信息，还缺少"谁在什么时间做"的信息。

我们可以把对应的信息都填入一个名为 EXT 的扩展字段。一种可行的方案是使用 JSON 或者类似 JSON 的 key-value 表达方式设计扩展埋点字段。我们继续使用 6.1.2 中的例子，扩展字段可以写作 EXT＝{user_id：abcd1234，time：2021. 11. 01. 17. 08. 59，event：click}。我们也可以把算法、业务需要的各种字段按规范填入扩展字段中。

6.2.4　会话级埋点设计与消费路径跟踪

通过 6.2.1～6.2.3 节的设计，我们可以精确地还原用户在每个时间点在产品上做了什么操作，但从用户行为分析的角度来看，我们依然很难得到用户从打开 App 到退出 App 的整个生命周期过程中所有行为的逻辑关系，也就是数据分析里我们常说的消费路径跟踪。例如，用户既可以通过首页推荐的商品进入对应的商铺详情页，也可以通过搜索商铺进入商铺详情页，还可以通过个人中心收藏的店铺进入商铺详情页。当我们要统计哪些场景对商铺详情页的流量有贡献、贡献占比如何的时候，很难只通过当前的设计进行路径分析。

解决上述问题有一个简单的方法，即维护用户会话级的埋点信息。我们把用户进入当前页面之前的页面 SPM 和控件 SPM 也填入当前埋点的 EXT 扩展字段中，就可以在日志中方便地进行消费路径跟踪了。

至此，我们重新将图 6-2 中的埋点报文进行梳理，得到图 6-3 所示的逻辑结构更加清晰、数据更加完备的埋点报文。

```
{
spm=1636.1382831.23232.3_2313,
scm=short_feed.recommend.home_feed.short_video_ABCDXYZ,
EXT:{
    time : 2021.11.01.17.08.59,
    event : click,
    user id : abcd1234,
    app version : 1.0,
    request id : ABC123,
    session id : EFG456,
    spm_pre : 1636.1382831.23232.2_1323,
    pv_spm_pre : 1636.9082831.56345.16854
    algorithm info : {
      abtest id : 123,
      service id : 456,
      position : 2,
      …
    }
  }
}
```

图 6-3　基于 SPM、SCM 和扩展字段的埋点报文

6.3　基于埋点数据的处理和分析

定义好埋点体系的内容，我们就可以通过通用的埋点服务框架获取需要的数据。埋点服务获取的数据会被存储到数据仓库中。推荐系统（以及除推荐系统之外的其他场景）优化所依赖的数据处理和分析，就是针对数据仓库中数据的清洗、信息抽取和计算。进而，我们通过数据分析处理得到的结论，指导推荐系统自身的迭代和优化。

在介绍如何分析数据之前，我们需要了解推荐系统业务关注哪些数据指标。在理解了指标的含义、计算方式以及与推荐系统性能的相关性后，我们就可以通过数据分析找到推荐系统的优化方向。本节首先介绍常见的数据指标，然后介绍推荐系统优化分析的方法论。

6.3.1　常见重要数据指标释义

页面曝光（Page View，PV）数指的是特定场景下用户访问页面的次数，可以通过直接统计该场景 PV 埋点（页面级别的曝光埋点日志）的有效上报次数来获得。"有效"指的是去除重复、错误上报的数据后的 PV 数。例如，我们可以设定规则：同一个用户 ID、同一个请求 ID 只会有一次有效的 PV 上报，或者同一个用户 ID、500 ms 以内，只会有一次有效的 PV 上报。（其他埋点上报也可以设置类似的过滤规则。）

独立访问用户（Unique Visitor，UV）数指的是特定场景下有多少个独立用户访问页面。

UV 数可以通过对 PV 日志条目在 user id 维度进行去重计算得到。

我们用一个简单的例子来区分 PV 数和 UV 数。假如一天之内，甲、乙、丙三人分别用各自的手机打开 App 进入首页推荐场景，其中甲、乙都在上午和下午各打开首页推荐页面一次，丙只在下午打开了一次，那么天级 PV 数是 5，天级 UV 数是 3。

点击(Click)数指的是特定场景下有多少次点击在该页面发生。

曝光(Impression)数指的是特定场景下，有多少个内容(卡片)在该页面完成曝光展示。

有价值用户(Valuable Visitor)数和 UV 数有所不同，指的是实际发生消费的用户数。例如电商平台中，有价值用户数指的是发生交易的用户数；内容平台中，有价值用户数指的是发生了内容消费的用户数。有价值用户数一定小于或等于 UV 数。

针对电商平台，还有两个重要指标：商品交易总额(Gross Merchandise Volume，GMV)指的是一定范围内(例如一天内)所有成交商品价格的总和，转化(Conversion)数指的是商品交易行为完成的次数。

针对内容平台，也有两个重要的指标：有效观看(Valid View，VV)数指的是有效观看视频的次数(例如观看 5s 以上才算一次有效观看)，观看时长(Time Spend，TS)指的是实际内容消费时长。这些高价值的数据一般都由后端埋点采集。

理解了以上基础数据指标后，我们就可以根据业务需要创造观测指标了。下面简单介绍几个常用指标的含义。

点击率(Click Through Rate，CTR)一般情况下等于点击数除以曝光数，是一个小于或等于 1 的正实数。有的场合我们也会叫它页面级曝光点击率(Page View Click Through Rate，PVCTR)。从定义上看，推荐场景的 PVCTR 在一定程度上代表了所推荐内容的吸引力，即推荐系统有没有把用户喜欢的内容推荐出来。

仅通过 PVCTR 来诠释推荐系统的效果是不够的，我们还会观测独立访问用户点击率(Unique Visitor Click Through Rate，UVCTR)，其计算方式是点击数除以 UV 数，是一个可以大于 1 的正实数。从定义上，UVCTR 代表了用户的平均认可度，即有多少用户愿意消费推荐的结果，以及他们消费的频次。UVCTR 补足了 PVCTR 在诠释不同活跃度的用户行为上的缺点，而 PVCTR 在解释推荐准确度上更有优势。

转化率(ConVersion Rate，CVR)等于转化数除以曝光数。

人均 GMV 等于场景总 GMV 除以 UV 数。

单用户 GMV 价值（常被称作客单价）等于场景总 GMV 除以价值用户数。因为 UV 数一般大于价值用户数，所以人均 GMV 往往小于客单价。

6.3.2　漏斗效应和优化分析

任何一个平台的推荐业务，最关注的都是最终的消费转化效果。然而，在让人眼花缭乱的 App 上，用户的消费路径往往错综复杂，梳理和拆解每个场景内的消费转化与用户行为之间的逻辑关系，是推荐算法工程师的必备技能。本节针对电商平台和内容平台分别举例阐述推荐场景优化分析的方法。

小明被要求提升自家电商 App 首页"猜你喜欢"推荐场景的总 GMV，并提出优化方案。小明做了数据分析，并画出了一个形如漏斗的结果图，如图 6-4 所示。

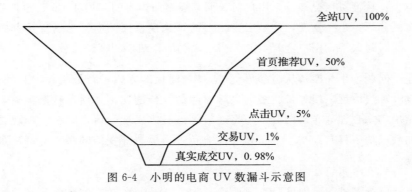

全站UV, 100%

首页推荐UV, 50%

点击UV, 5%

交易UV, 1%

真实成交UV, 0.98%

图 6-4　小明的电商 UV 数漏斗示意图

小明发现，每天打开 App 的用户里，只有 50% 的用户会在首页推荐有交互行为，其他用户都被搜索框和导航栏截留了，我们称首页推荐场景的渗透率为 50%。这 50% 的用户里，只有占总体用户数 5% 的用户会点击推荐的卡片，占总体用户数 1% 的人点击以后会有购买行为，最后只有占总体用户数 0.98% 的用户不会退货，形成真实的交易。

通过与同事沟通后，小明认为，由于首页布局不能进行改动，并且用户的行为习惯比较稳定，因此首页推荐场景的渗透率已经没有提升空间。进入首页推荐场景的用户中，用户流失率高达 90%（1−5%÷50%）。点击进入商品详情页面的用户中，流失率高达 80%。除此之外，退货率高达 2%。

通过数据分析和样例分析，小明制订了优化计划。首先，算法模型引入商品差评率、退货率特征，同时针对 CTR 和 CVR 目标，进一步优化算法模型的能力。然后，与首页推荐场景的运营人员联动，从内容池中清退了一批封面图有欺骗性、退货率和差评率高的商品。

我们再看一个短视频推荐的例子。小亮被要求提升精选页短视频信息流推荐的人均消费时长（人均 TS）。小亮对不同类型召回的内容分析后得到如图 6-5 所示的漏斗。

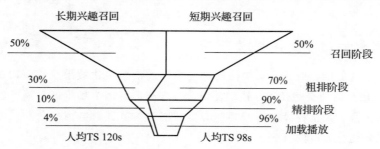

图 6-5 短视频召回类型漏斗示意图

小亮发现，随着召回→粗排→精排的层层截断，长期兴趣召回的内容在每一层结果中的占比越来越少。从消费情况来看，用户对长期兴趣召回内容的人均 TS 高于短期兴趣召回内容。通过案例分析，小亮发现，这是因为当前的算法模型更倾向于给用户推荐短期兴趣召回的内容，而时间久了，用户会产生疲劳感，说明推荐结果的多样性较差。

针对这个问题，小亮准备从超参寻优（通过自动化的方式进行最优超参数的搜索）的角度入手，设计算法模型，搜寻长、短期兴趣召回的最佳配比，并通过打散策略，让长短期兴趣召回结果实现合理分布。同时，小亮通过埋点日志发现，用户在客户端观看推荐视频时，播放加载成功率只有 85%。小亮决定联合负责播放器开发的同事一起解决加载失败率过高的问题。

通过上述两个例子，我们可以直观地观察到，"漏斗效应"在推荐系统场景中无处不在，理想和现实之间存在层层堆叠的漏斗。100 个用户访问场景中，实际上只有 1 个用户发生消费行为，这中间存在着各种各样的造成转化"损失"的级联因素。这层层堆叠的漏斗，有的是推荐算法工程师难以施加影响的。例如，推荐场景的渗透率与客户端交互布局、公司战略方向有关，召回、粗排、精排各自的截断个数和系统算力有关。而有的是我们可以直接优化的，例如 PVCTR、UVCTR 等。

通过漏斗模型，我们可以很方便地对一个复杂问题进行拆解，定位可以优化的地方。构造漏斗模型，我们首先要对推荐场景用户的消费模式、推荐系统的结构和组件有充分的理解，从追求的结果出发，逐级挖掘造成效率损失的、成串联关系的各个环节。其次，我们要培养数据分析和建模的能力，从埋点日志中挖掘、计算每个环节对应的数据指标。然后，我们就可以利用算法和系统知识，有针对性地解决每个环节存在的不足。同时，从上述案例中我们可以看到，算法模型不是万能的，有很多问题可以通过非算法的手段进行解决。推荐算法工程师的一个重要觉悟就是，不迷信算法的力量。

CHAPTER7

第 **7** 章

业务定制化特征和样本工程设计

特征样本工程是推荐系统的重要技术领域，其重要性在于以下三方面。

❑ 推荐系统面临的原始数据信号是海量且杂乱无章的日志数据，既不像计算机视觉信号有结构化的信息，也不像自然语言信号有符号化的信息。
❑ 推荐系统需要具备在海量数据上实现接近实时服务的能力，目前的推荐系统无法承受带有自动特征抽取结构的大型模型，特征抽取的复杂工作需要计算前置。
❑ 推荐系统需要更强的可解释性。如果特征提取的部分有人工设计，那么对应的可解释性就会更强。

本章主要介绍业务定制化特征和样本工程设计。

7.1 推荐特征体系概览

从信息论的角度讲，任何特征抽取的过程都会产生信息损失。那么，特征工程在整个系统中的角色就涵盖了两个方面。

❑ 特征构造的效果决定了模型表现的上限。特征是对日志数据的结构化抽象，在截取必要信息时，也相应丢掉了一些可能有用的信息。同时，从机器学习的角度讲，模型的学习过程也是一个信息抽取的过程，模型可以记忆的信息或识别的模式，一定是输入信息的子集，因此，输入特征的信息量决定了模型表达力的上限。
❑ 特征构造的方式需要体现业务方向的导向性。数据日志包含了庞杂的用户信息和内容信息，但模型的处理能力是有限的，只能针对局部的模式和目标进行建模。模型的优化目标体现了业务的目标，为了便于模型建模，特征的构造也要体现业务的目标，从而与目标耦合起来。例如，当业务需要针对用户观看视频时长做优化时，特征体系内需要包含对用户观看时长偏好的多维度全方位的刻画。

7.1.1　推荐特征体系简介

从语义信息的角度来看，推荐系统的特征体系主要包含两部分：用户特征和内容特征。用户特征主要包含用户的画像特征、场景消费特征和历史性为序列特征。内容特征主要包含内容描述性特征和内容消费特征。仅有这两部分特征远远不够，推荐系统的特征体系还需要用户和内容之间的交互特征来进一步提高特征工程的效果上限，我们把这类特征统称为交叉特征。

用户和内容各自的独立特征其实很容易理解，那么什么是交叉特征呢？我们来看一个简单的例子。假设某用户 U 在浏览短视频时，观看类目 A 的视频的平均时长为 10s。同时，某视频 I 从属于类目 A，那么在进行 U 和 I 交叉特征的计算时，我们可以通过将 U 的类目浏览记录和 I 的类目从属关系进行匹配，得到 10 这个数值，这个数值特征可以近似表达用户 U 对 I 所属类目的喜爱程度。

从时效性的角度来看，推荐系统的特征体系主要包含三部分：离线特征、近线特征和实时（在线）特征。三者的不同点主要在于各自对应的时效性时间窗口不同。

我们举个简单的例子，如果某特征主要是通过离线计算、$T+1$ 更新（意为日期 $T+1$ 时，离线计算截至日期 T 的数据，并且在 $T+1$ 当天更新线上服务数据），那么这类特征就属于离线特征，特点是特征时效性差但计算资源消耗小。

实时特征可以认为是完全实时计算的特征，是通过在线实时计算服务收集的，特点是特征数据时效性最强，但对在线计算资源的消耗大。例如某用户上一次请求并观看了 3 个篮球相关的视频。下一次请求的时候，用户篮球类目下的视频观看数值特征就增加了 3。

近线特征是时效性介于离线特征和实时特征之间的特征。近线是 Youtube 在近线召回的相关论文中提出的时效性概念，介于实时和离线之间。例如，我们把某个视频最近 3 小时的观看次数作为视频的热度特征，这个特征每隔 20 分钟计算并更新一次，那么这个特征就可以认为是一个近线特征。近线特征的特点是计算资源消耗和时效性都处于中庸的水平。

从类型角度来看，推荐系统的特征体系包含 3 种形式：连续型数值类型特征、离散型 ID 类特征和字典类特征。连续型数值类型特征主要指数字类型的特征，例如商品价格。离散型 ID 类特征主要指可枚举或类别性的特征，例如商品分类（母婴、童装、化妆品等）。字典类特征一般用于表达交叉特征，例如用户最近一年消费金额最高的 3 个商品品类以及总消费额（单位：元），可以表示为｛日用品：8000，数码产品：12 000，零食：2000｝。

7.1.2　特征体系的设计思想

优质的特征体系设计主要从 6 个方面考虑：业务相关性、信息效率、时效性、泛化性、记忆性、存储传输效率。

1. 业务相关性

业务相关性包含业务领域知识的引入和业务导向性的设计。例如，视频观看时长与用户长期留存有正相关性；用户观看视频个数与推荐的准确性、丰富性、多样性有正相关性，那么推荐算法工程师就需要思考，如何把这些经验信息融入特征工程的设计。业务导向性的设计主要体现在根据业务需要进行特征体系的选择。例如，对于要刻意塑造马太效应的场景，我们不会在特征设计上进行去热、去头部设计，但在做多品类、社区化分发的场景时，就要引入社区相关特征和去热、去头部的特征体系。

2. 信息效率

信息效率包含整个特征体系的信息冗余度、信噪比。特征体系内的每一个特征都需要给系统带来信息增益，否则就引入了冗余信息，只会徒增计算资源消耗。每一个特征独立的信噪比都会影响系统整体的信噪比。特征的信噪比很难直接评估，因为通过埋点采集的用户行为日志本就存在大量的噪声，我们很难获得某些信息的真实、准确的数据。特征的信噪比可以通过某些指标反映出来，例如特征信息熵和单特征预测准确度。其中，单特征预测准确度指的是只用这一个特征预测用户对内容的喜爱程度（如点击率）。

3. 时效性

时效性包含两层含义，其一是特征计算的更新频率，更新频率越高，越接近事实更新，越能代表用户当下的状态；其二是特征的时效性导向，例如我们在第 5 章介绍的用户画像，分为长期画像和短期画像，短期画像的时效性更强，更能表达用户的即时兴趣和热点兴趣。

4. 泛化性

泛化性的本质即为特征的颗粒度，特征的颗粒度越细，它对应的泛化性就越差；特征的颗粒度越粗，它对应的泛化性就越高。一味地追求高泛化性，会导致特征的信息效率降低，特征的泛化性应当在一个适中的区间。

我们通过一个例子来理解特征的颗粒度与特征的泛化性，以及特征的信息效率之间的关系。

某用户的行为序列特征只包含他看过的视频 ID，此时特征的颗粒度最细，特征的泛化性最差，模型很难通过一个视频 ID 推断用户可能喜欢的其他视频 ID。当用户的行为序列特征包含了他观看视频的标签时，特征的颗粒度变粗，泛化性变强，模型就可以通过用户的视频标签进行泛化的推断。比如用户喜欢看带有"某明星"标签的视频，模型可以为用户推荐其他带有该明星标签的视频。

当用户的行为序列特征只记录他看过视频的一级类目，比如"影视花絮"时，特征的颗粒度最粗，泛化性最强，但特征的信息效率也最低。这是因为花絮类型的短视频数量规模极大，模型很难通过该信息为用户做精准的推荐，模型推荐的花絮可能是用户不喜欢的影视剧类型，因此信息效率滑坡式下降。

5. 记忆性

记忆性是特别针对深度模型而言的概念。学术界和工业界的一个被反复验证的经验是用户 ID、内容 ID、类目等类别性、枚举性信息在推荐算法网络中往往扮演了"记忆模块"的角色。推荐算法的模型可以捕捉到用户的类别性偏好，并将这些信息编码嵌入用户 ID 产生的低维表征。

6. 存储传输效率

存储传输效率包括特征数据的存储资源效率和在线传输效率。数值类特征存储效率一般不会太高，ID 类特征和字典类特征往往以字符串的形式存储，会占据较大的存储空间，通常会设计一些截断机制。同理，在带宽有限的情况下，我们对在线查询、传输的特征也有效率诉求，会通过截断或压缩的机制对特征进行约束。

7.2   推荐系统特征设计及案例

本节根据一个案例介绍推荐系统的特征体系。

小明要为短视频推荐的信息流场景从 0 到 1 搭建一套特征体系，于是他根据 7.1 节的设计思路进行了如下设计。

7.2.1   用户描述性特征

用户描述性特征一般指用户画像的元数据等静态特征，是用户的固有属性。首先，小明通过用户画像算法团队接入了用户的画像特征，包括用户的元数据、近两年内的长期短视频兴趣画像、近 1 个月内的短期短视频兴趣画像、活跃度等。

经过数据分析，小明保留了信息效率高的元数据，如性别、年龄、工作居住地等，暂时剔除了推测收入水平、推测职业等信噪比较大的元数据，并希望画像团队进一步提升这部分数据的精度和覆盖率。考虑到离线、在线特征的存储传输效率，小明针对用户的画像数据，选取权重最高的 10 个兴趣品类或标签。

7.2.2　用户特征的人群泛化

用户个体的特征往往不具备泛化性。算法工程师谈及的泛化性，通常指的是机器学习模型的泛化性。简而言之，机器学习模型的泛化性就是"举一反三"的能力。假设我们在训练模型的时候，训练样本里只有明星 A 在某电视剧里的短视频观看行为样本。那么，模型在进行在线预测时，遇到明星 A 在某综艺里的视频也能够以较高的分数进行推荐。此时，我们就可以认为这个模型具备了一定的泛化性。

让模型具备更强的泛化性，是机器学习领域至今仍在探索的问题，是一个很难的课题。泛化性弱是导致推荐系统模型惊喜性、探索性差的原因之一，是用户体验陷入信息茧房的诱因之一。对于推荐系统里轻量级的推荐召回、排序模型而言，与其要求模型自动获得泛化性，不如通过人工特征工程的手段，帮助模型获得泛化性。

在用户特征上，增强系统泛化性的一个重要手段就是用户特征从个体到人群的泛化。我们可以通过一个简单的例子来理解人群泛化。假设用户 U 的兴趣中不包含财经解读类视频，由于他从属于 35～40 岁、一线城市、中等收入的男性群体，并且这个群里中财经解读类视频的受众较广，是这个群体画像的一部分，那么我们就有一定把握向用户 U 推荐财经解读类视频。人群泛化的一个前提是社会学的常识，即相近年龄段、相似社会环境的人群，在认知水平、兴趣取向上有一定相似性甚至趋同性。

小明通过接入用户画像团队的人群画像算法产品，取得了每一个用户所属人群的人群兴趣标签，并与每一个用户自身兴趣标签进行比对，将重叠的部分删除，并截取到权重最高的 10 个兴趣标签。小明最终确定的用户侧特征结构如图 7-1 所示。

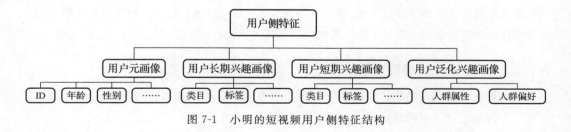

图 7-1　小明的短视频用户侧特征结构

7.2.3　内容描述性特征

内容描述性特征与用户描述性特征类似，主要指内容的静态属性特征。小明通过接入内容的标签体系得到了内容的一级标签、二级标签和三级标签，同时通过接入媒介资源数据得到了短视频内容的标题、副标题、上传者信息、视频时长、清晰度、发布时间等特征，并作为内容描述性特征。

与 7.2.1 节的用户描述性特征类似，内容描述性特征属于离散型非数值类特征。当下的深度神经网络模型只能接受数值类型的特征。在处理这类离散型特征时，我们一般有如下两种方式。

第一种是将其进行 One－hot 编码。例如性别特征的 One－hot 编码可以写作"男"为"01"，"女"为"10"。在得到特征的 One－hot 编码后，将其与一个矩阵相乘得到降维后的稠密表征。这个用于降维的矩阵可以跟随神经网络模型一起学习。

第二种是将每种离散类特征进行唯一 ID 编码，构建以 ID 为主键的表征表（embedding table）。离散类特征的每一个取值都可以用其 ID 在这个表中查阅并得到低维稠密表征。这个表征表的参数同样可以随模型一同训练。在训练开始前，表征表中的表征一般使用随机初始化，这类功能已经被很好地应用于开源机器学习框架中，例如 TensorFlow 的 embedding hash table，算法工程师可以很方便地调用，无须自行实现。

7.2.4　内容统计类特征

内容统计类特征主要指从业务需求的角度出发，通过数据统计分析得到的内容的数值类特征。小明结合业务诉求，制作了内容统计类特征，包括场景内统计和全站统计。

场景内统计特征的统计范畴限定为特定场景，例如小明的短视频信息流。而全站统计特征对应的是整个 App 内所有可能有短视频曝光、播放的场景，例如个人中心的收藏页面等场景。小明针对场景内和全站分别统计了每个视频的总播放量、点击率、人均播放完成度、人均播放时长、总点赞量、总评论量、总分享量。同时也做了分时间窗口的统计，例如对每个视频的人均播放时长做了最近 1 天、3 天、7 天、15 天的时间窗口限制。更具体地，最近 1 天的人均播放时长就是统计最近 1 天内某视频的总播放时长，再除以该视频的总观看人数。

7.2.5　内容统计类特征泛化

当内容统计类特征的统计颗粒度是内容自身维度时，内容侧的泛化性较差。我们可以通过一个简单的例子来理解。

在小明的短视频信息流案例中，我们将一个上传 3 天的视频和一个上传 30 天的视频进行对比，较新的视频由于分发时间短，有一部分特征在对比中处于天然劣势，例如视频播放量（包括总量以及不同时间窗口下的播放量）等。这些特征会导致较新的视频在深度神经网络学习的模式里，被排在较旧视频的后面，导致较新视频曝光量不足，无法更快得到播放，陷入负向循环。

如果这个新视频的上传者(UP 主)刚好是某个用户常看的 UP 主或者热门的 UP 主，理论上应该更优先被推荐出来。此时，小明应当在特征体系中增强内容侧的特征泛化性，其中一个手段就是将内容颗粒度的特征向更粗粒度的特征映射。例如，对于一个新视频，小明同时统计该视频自身的统计特征和该视频的 UP 主所有上传视频的统计特征。小明发现，该视频自身的统计特征可能非零值很少，但它对应的 UP 主所有上传视频的统计特征的非零值很多。小明可以通过内容到 UP 主的映射关系，得到对应的关联统计特征，将其作为该视频自身特征的一部分。实践证明，这样可以明显增加特征的泛化性，从而带来模型的泛化性提升。

小明最终确定的内容侧特征结构如图 7-2 所示。

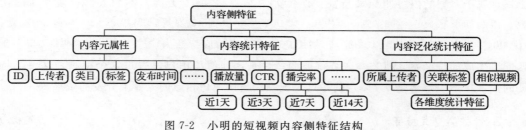

图 7-2　小明的短视频内容侧特征结构

7.2.6　用户与内容的交叉特征设计

用户与内容之间的交叉特征指的是用人工记忆的方式捕获用户和部分内容之间的交互行为。交叉特征的在线和离线存储一般采用字典格式。字典格式的特征信息是无法作为推荐算法模型的输入使用的。当推荐算法模型进行在线预测时，我们需要把特征构造为模型可以接收的格式，使模型可以正常预测，这一过程称为在线特征生成。对于以字典格式存储的交叉特征，在进行在线特征生成时，我们采取"查字典"的方式，从字典中取出推荐算法模型所需要的特征信息。

交叉特征可以分为三类形式：统计类交叉特征、计数类交叉特征和属性类交叉特征。

1. 统计类交叉特征

构建统计类交叉特征，首先需要确定统计角度是用户侧还是内容侧，其次要确定统计结果中字典的钥匙(key)和值(value)的维度。统计类交叉特征还可以具体分为两类：用户侧交叉特征和内容侧交叉特征。我们继续以小明为例，分别介绍这两类统计类交叉特征。

小明希望设计一个统计类交叉特征，用于体现某用户对某视频标签的喜爱程度。他首先统计了最近 7 天某用户在不同标签下有效观看（标准可以按业务诉求确定，例如观看时长超过 5s 算一次有效观看）的视频数量分布。他按观看数量降序排序，得到如下字典（格式为 key：value）：{美女舞蹈：30，搞笑：22，翻唱：10，足球：8}。

某视频 A 的标签为"搞笑"，那么在特征生成时，通过以"搞笑"为 key 进行匹配，得到字典中的 value，即 22。22 会作为一维数值特征输送给推荐算法模型。某视频 B 的标签为"篮球"，在特征生成时没有找到匹配的 key，那么就会产生一个默认数值 0（默认值的数值需要根据特征的具体语义来确定）。由于这一统计类交叉特征在离线统计阶段是以用户维度进行统计的，在存储的时候就会存储至用户特征表内，这类特征也称为用户侧交叉特征。

小明还设计了一个人群分发效果的交叉特征，来体现用户在这一视频下可能的观看效果，这属于典型的内容侧交叉特征。他统计了某视频在 14 天内，不同人群有效观看的次数，得到如下字典：{20 岁到 30 岁男：40 000，30 岁到 40 岁男：35 000，20 岁到 30 岁女：20 000，40 岁到 50 岁男：10 000}。某用户的画像中对应特征为"30 岁到 40 岁男"，与字典匹配后生成的特征是 35 000。这类特征的特性是，即使该用户没看过这个视频，这一维特征的数字也不一定会是 0，体现的是这个视频在与该用户相似的人群上分发的效果。

2. 计数类交叉特征

计数类交叉特征主要用于表达用户和内容之间在某些属性上的匹配度。小明制作了一个用户画像和内容标签的匹配度特征。某用户的短期标签画像是{明星 A、明星 B、影视混剪、影剧综二创}，某视频 B 的标签包含{影视混剪、明星 C}。二者进行字符串匹配后，有一个标签"影视混剪"命中，那么这一维特征的数值就是 1。如果某视频 C 的标签是{明星 B、影剧综二创}，那它的这一维特征就是 2。

3. 属性类交叉特征

属性类交叉特征主要是为了增强模型记忆性而存在的，帮助模型记忆某些属性的共现效果。用户画像为了表征用户较为稳定、抽象的兴趣，大多数情况下不会频繁更新。而标签体系则可能正好相反，为了捕捉快速变化的内容热点，细粒度标签库会紧跟市场热点进行动态更新。小明发现某用户画像为{影剧综二创、影视混剪、明星 A}，某视频标签为{电视剧 C、明星 B}，小明取二者的标签进行组合得到{影剧综二创、电视剧 C}，并且在推荐算法模型里为这个组合标签进行表征学习（将某些特征映射为高维空间向量）。假设在近期短视频分发的正样本中，这一组合频繁出现，模型就可以学习到组合标签和样本阳性之间相关性。

小明最终确定的交叉特征结构如图 7-3 所示。

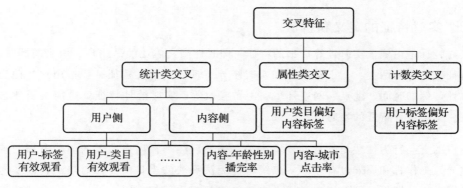

图 7-3　小明的短视频交叉特征结构

7.2.7　用户历史行为序列特征设计

实践证明，用户历史行为序列是不同于用户画像的重要行为特征。用户画像是从用户行为历史中抽象出来的无时序用户特征，而用户历史行为序列则能更好地刻画用户行为的周期性。基于用户历史行为建模，对于推断用户"下一次消费"有重要意义。例如，某个用户每隔两个月会买一次日用品，那么在这个周期到来时推荐日用品，成交的概率更大；或者近期用户观看影视二创类内容的密度很高、目的性很强，那么继续推荐相似内容的消费效果会更好。

构建用户历史行为序列特征不需要复杂的策略设计，一般把用户近期的历史行为按时间顺序排列即可。历史行为序列信息可以直接通过现有的序列化建模的推荐算法模型来捕捉用户行为的时序模式。小明将用户观看视频的 ID、视频标签、视频时长、播完率等信息抽取出来作为一个结构单元，将用户播放记录中最近观看的 30 个视频的结构单元按时间顺序排列，得到一个结构序列作为历史行为序列特征。这一序列特征会直接作为深度模型的序列特征处理模块的输入，我们会在第 9 章展开讲解。

小明最终确定的用户历史行为序列特征结构如图 7-4 所示。

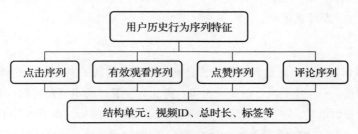

图 7-4　小明的短视频用户历史行为序列特征结构

7.2.8　实时特征的定义和价值

实时特征是由线上实时计算产出的特征，即时性高，体现的是用户、内容的即时状态。实时特征主要分为两类：上下文特征和实时统计特征。上下文特征一般指用户当前交互环境的属性，例如时间、地点、网络环境、上游参数等。实时统计特征就是前文所述各类统计特征、交叉统计特征的实时版。

用户的交互行为往往与其身处环境有关，例如视频平台用户白天的消费习惯与夜间的会有差异，工作日和周末也有差异。离线特征无法反映的当日内的即时热点，而实时特征往往可以很好地捕捉。例如用户最近 1 小时的视频观看偏好、用户最近一次主动搜索的关键词和类目偏好等。

7.2.9　实时统计特征设计和数据流程

实时统计特征的技术流程通常是基于开源框架 Flink 开发的。在设计中主要考虑以下要素：触发机制、过滤逻辑、聚合逻辑、特征计算逻辑和负载均衡。小明需要设计一个"最近 1 小时某视频点击量"的实时特征，以小明的短视频实时统计特征需求为例，我们对上述要素进行逐一分析。

1. 触发机制

触发机制指触发统计计算的时机。选择合理的触发时机是在计算精度和计算资源消耗之间的权衡。小明要计算最近 1 小时某视频的点击量，首先需要知道计算时间窗口的起始时间和终止时间。由于时间是在不停流逝且可以无限切分的，我们不可能不停休地计算，因此可以通过以下两种方式进行触发设计，以降低触发频率。

- ❑ 主动触发逻辑，也就是依赖系统时钟制作的定时器，比如每隔一分钟触发计算一次。
- ❑ 被动触发逻辑，例如将 Flink 中新的消息流入当前时间窗口作为一种触发事件，进而触发运算逻辑。与此相对应地，当时间窗口滑动后，会有消息离开当前时间窗口，也会触发计算逻辑。

2. 过滤逻辑

过滤逻辑指识别哪些消息是要被聚合统计的。在小明的例子中，过滤逻辑包含两个方面：点击信号和时间戳。由于小明统计的是点击量，因此只需要过滤出消息中的点击数据，也就是点击行为埋点上报的消息。这个点击信号需要我们自己设计和解析。由于小明统计的是"最近 1 小时"，因此我们需要过滤的是最近 1 小时的消息，过滤的条件就是消息的时间戳。

在过滤逻辑中，我们通过进一步考虑资源消耗的问题，来理解 Flink 中的实际计算行为。假设当前时间是 10:01:20，那么针对小明的需求，精确的时间窗口应当是 9:01:20～10:01:20。当时间前进至 10:01:30，精确的时间窗口应当是 9:01:30～10:01:30。此时 9:01:20～9:01:30 的消息滑出时间窗口不应该被统计和计算。

如此一来，我们需要存储最近 1 小时所有的消息，让它们频繁地进出消息队列，才可以实现精确的计算。这样做无疑是十分消耗存储资源和计算资源的。一旦大量热点消息到来，就会导致消息消费不完，计算阻塞延迟，破坏系统的稳定性。

一个更合理的设计是将时间窗口量化切分，改变计算模式。在小明的例子中，我们将 1 小时切分为 12 个 5 分钟，以 5 分钟为单位进行聚合计算，只存储计算后的结果，时间窗口以 5 分钟为步长向前滑动。

实际效果是，某视频 A 在 9:00:00～10:00:00 的点击量统计结果为{1，2，3，1，2，3，0，0，0，1，2，3}，即 12 个有序数值。假设以被动触发的方式计算，在时刻 10:01:20 只有一次新的点击行为，我们更新最近 5 分钟(10:00:00～10:05:00)视频 A 的点击量为 1。

那么视频 A 最近 1 小时的点击量为 18＋1，即 19。当时间来到 10:05:20，整个滑动窗口滑动一格，即 9:05:00～10:05:00，视频 A 的点击统计结果更新为{2，3，1，2，3，0，0，0，1，2，3，1}。由此可见，我们不需要存储最近 1 小时的消息，只须动态累加最近一个步长格子的统计结果。虽然计算量大大减小，但是带来的损失就是计算精度。我们不是在统计最近 1 小时的结果，而是在统计最近 1 小时＋Δt 的结果，Δt 就是步长，Δt 越小，精度越高，消耗越大。

3. 聚合逻辑

聚合逻辑指的是以数据的某一个属性字段进行聚合计算。在小明的例子中，聚合逻辑就是以视频的 ID 字段为准进行聚合计算，即把所有带有相同视频 ID 的消息进行聚合累计。

4. 特征计算逻辑

特征计算逻辑就是计算特征数值。在小明的例子中，特征计算逻辑就是简单的加法，而在更复杂的实时特征计算中，则需要更复杂的处理函数，例如统计最近 1 小时点击量的 Top3。

5. 负载均衡

负载均衡指的是在并行计算的时候让多个并行的消息处理实例均匀地消费系统产生的实时消息。实现负载均衡的方法有哈希方法和轮询方法。哈希方法需要推荐算法工程师设计动态哈希的函数，按哈希值传递数据。轮询方法则是让系统在分配实时消息时，定位更空闲的实例，优先分配数据。

　　小明设计的实时特征结构如图 7-5 所示。周日期代表当前是一周中的哪一天，大致地点代表用户是在家、公司还是商圈。召回分、粗排分、精排分和其他特征略有不同，这是因为在推荐系统中，每个内容被打分时是按照召回→粗排→精排（→重排）的顺序进行的，过程串行不可逆。因此粗排模型只能得到上游传来的召回分，而重排可以得到所有分数。

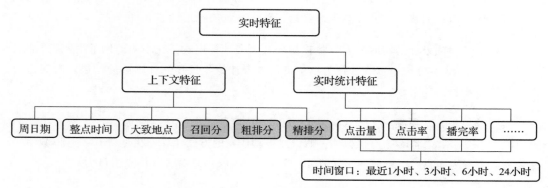

图 7-5　小明的短视频实时特征结构

7.2.10　基于机器学习的特征构造

　　离散型特征和统计型特征有一个共同的缺点，即仅包含特定优化目标相关的信息或者仅可以学习得到目标相关的信息。

　　比如，"某商品 7 天内被点击的次数"这一特征仅包含与点击行为相关的信息，对建模点击相关的目标有益。再比如，某用户画像包含"街舞"，他点击的某个视频包含标签"明星 A"，假设将这两个离散特征输入以点击为目标的模型进行训练，我们得到的各自的表征信息也仅包含二者在点击行为上的"共现"信息，并不包含"街舞"本身的语义信息。

　　发生这种情况的原因在于，在信息论的角度，机器学习模型在训练时，实际上在捕捉的是输入信息和目标标签信息之间的"互信息"。只有标签和输入都包含语义相关信息时，模型学习到的参数才会蕴含语义信息。为了让模型更好地理解一些富含语义信息的信号，同时具备更好的泛化性，我们需要一些辅助性机器学习模型帮我们抽取一些聚焦在语义上的特征表达。

　　实现基于机器学习的特征抽取，常见的技术手段是单模态或多模态内容理解和表征学习技术，目的是将内容的文本、图片、视频等信息，通过特征抽取，得到高维向量进行表达。这些高维向量作为内容的"指纹"，也可以输入推荐算法模型，用于强化模型效果。

常用的技术框架分为两类：无监督学习和有监督学习。

在无监督学习框架下，我们可以通过预训练加微调的方式进行表征学习。例如学习电商内容的文本表征时，我们可以直接获取开源超大规模中文语料库上进行预训练的 Bert 模型参数，将其在自建的电商领域文本数据集上进行微调，得到电商专用 Bert 模型。将每个商品的标题等文本信息，输入这个模型进行预测，再通过池化得到每一个内容的标题表征。

多模态的表征学习常用监督学习的框架。多模态内容理解的本质是将不同模态的数据通过不同的特征抽取结构，投影至相同的特征空间进行融合。由于不同模态信息的复杂性，一般需要一些监督信号来辅助我们学习对应的表征，因此这类监督学习的流程一般包括数据采样、数据预处理、数据标注、模型训练和特征抽取（模型预测）。

上述内容主要是与特征生产有关的机器学习，在日常生产中，我们还要关注除机器学习算法以外的特征生产流程。由于新用户、新内容会不断涌入系统，特征抽取的工作需要成为一个常态化的流程。这个流程主要包括数据获取、数据标注、模型训练、特征产出几个环节。

数据获取指从数据中心将我们所需的数据缓存至特征生产环境，按照业务问题诉求，构造相应的训练样本。数据标注指通过人工的方式，给需要标注的样本集合打上对应的标签。模型训练指按照预先实现的训练脚本，在特征生产环境中运行对应的机器学习程序，产出对应的算法模型文件。特征产出指利用训练好的模型，以全量或增量的方式，在对应的样本集合上运行模型预测脚本，将模型产出的向量特征写入数据中心，便于下游相关任务调度。其中全量生产一般发生在算法模型优化后，需要对全量数据生产新版本特征的时候；增量生产一般发生在模型本身没有变更，只需要对新增内容进行特征抽取的时候。

7.3 特征应用常见问题

7.3.1 多值特征处理

7.2 节介绍的交叉特征在某些情况下会产生不定性多值的情况。以用户 7 天有效观看的视频标签分布特征为例，用户侧字典是{美女舞蹈：30，搞笑：22，翻唱：10，足球：8}，如果内容的标签有多个，如{搞笑、翻唱}，那么在匹配的时候就会产生两个数值。如果对于同一个交叉特征，不同的内容可以匹配到不同的数值，就会给推荐算法模型的设计带来负担。

常见的多值特征处理方式有两类。如果多值特征的类型是数值类，那么处理方式包括取最大值、最小值、平均值、求和等简单的方式，或者映射为向量的复杂方式。以映射为 4 维向量为例，如果产出数值不足 4，则用 0 补齐；如果产出数值超过 4，则取最大的 4 个数值。如果多值特征的类型是 ID 类，这些 ID 又会通过表征学习映射为给定维度空间下的向量，常用的处理方式包括最大池化、最小池化、平均池化等。具体用哪种方式，要看特征的具体含义。

7.3.2　在线、离线特征的一致性

由于在线、离线系统程序语言环境等因素的差异，算法工程师会发现同一个推荐算法模型存在在线打分分数和离线打分分数不一致的情况，这类情况不易察觉，即使被察觉到也常常很难定位。

推荐算法模型的特征体系极其庞大，特征数量极多，往往需要较多精力进行数值校对。下面提供一些思考方向来帮助读者缩小问题范围。

- ❑ 由于程序语言环境不同，数据类型的保存精度也有所差别，例如一个数值离线时存储为 3.141 592 653，在线传输时精度下降后变为 3.142，进而导致后面的计算结果出现更大的偏差。
- ❑ 由于程序语言环境不同，数据类型的精度上限和下限也不同。我们要关注特征值的极大值和极小值范围。
- ❑ 由于在线查询和离线查询逻辑差异产生了不一致，可能在线查询失败填充的默认值是 −1，而离线查询的结果是 0。

7.4　特征去噪

对于我们依据规则产出的数值类特征，如果直接使用，可能会为模型引入一些不必要的噪声。这些噪声的来源与用户的内容交互频率、数据分布、产品形态等因素密切相关。针对不同的特征噪声，采用不同的去噪策略是十分必要的。

推荐系统每天的数据量极其庞大，复杂的去噪计算方法并不实用。本节会介绍一些简单、高效、常用的特征去噪方法。

7.4.1　威尔逊置信区间方法

根据大数定律，样本少的统计结论往往置信度较低。例如，卡片 A 曝光 10 次，点击 2 次，卡片 B 曝光 10 万次，点击 5000 次，二者相比谁的效率更高呢？计算可知，卡片 A 的点击率是 20%，卡片 B 的点击率是 5%，从数值上看，卡片 A 的点击率远高于 B，但我们不能下如此结论。

威尔逊置信区间方法是一个高效的平滑方法。威尔逊置信区间方法的前提假设是用户交互

产生的数值分布是正态的，这个假设在实际问题中一般是成立的。威尔逊置信区间方法会根据样本量对观测值进行修正，我们通常的做法是取观测值的置信下限 $\overline{p}$ 作为修正值，公式如下。

$$\overline{p} = \frac{p + \dfrac{1}{2n}z_a^2 - z_a\sqrt{\dfrac{p(1-p)}{n} + \dfrac{z_a^2}{4n^2}}}{1 + \dfrac{1}{n}z_a^2}$$

其中，z_a 是正态分布下以 α 为置信水平的统计量，查表可得，$\alpha = 95\%$ 的时候，$z_a = 1.96$。如果 $p = 0.1$ 代表点击率，$n = 10$ 时，$\overline{p} = 0.017\,8$，而 $n = 1000$ 时，$\overline{p} = 0.082\,9$。我们可以看到，n 越大，修正值会越来越接近输入值 p，也就是 p 本身更可信。

7.4.2　对数平滑方法

在实践中，某些数值类特征的数值分布往往不是正态分布，而是呈长尾分布。无论对业务实际意义还是对模型利用效率而言，长尾分布的"长尾"部分大多不具备价值。例如我们讨论视频有效播放量特征的时候，只有 1% 的视频被播放了 1 万次以上，剩下大多数视频的有效播放量分布于 0～10 000 之间。假设播放量最大的视频，其播放次数达到了一百万次，那么播放量特征的值域是 0～1 000 000。如果我们对播放量取以 2 为底的对数，那么播放量在 2 到 1000 的视频落在了 1～10 之间，播放量 10 000～1 000 000 的视频落在了 19～29 之间。

直观上看，取对数的操作让分布的长尾部分更加"紧凑"，并且没有改变数据之间的大小和顺序。

7.4.3　百分位点离散化方法

有的时候，我们并不关心特征的具体数值，我们只关心数值之间的大致相对偏序关系，那么我们可以构造一种映射方法，产生一系列有相对大小关系的"桶"，让特征数值均匀落到等量的"桶"里。我们常用的离散化方法就是百分位点方法。

举一个简单的例子，如果一个视频的播放量是 100，我希望知道它排在所有视频里的前百分之几，那么只需要知道所有视频的播放量和视频总数，将视频按播放量从大到小排序，每百分之一切一刀放到一个桶里，最后看播放量 100 的这个视频落到了哪个桶里。这样，我就可以把参差不齐的播放量均匀地映射到 0～100 的数字之间，并大致保证了顺序关系。

7.5　特征样本构造和模型训练

有了全面的特征体系，还不足以支撑我们训练推荐算法模型，我们还需要从日志中构造用于训练模型的样本。构造样本时主要考虑两个问题：样本对齐和样本标签。在小明的案例中，用户点击视频进行观看，因此小明将被点击的样本作为正样本，曝光但未被点击的样本作为负样本。

样本对齐可以理解为确定样本在时间上的唯一性。例如，某用户在上午观看了某视频一次，在下午又观看了一次，如何保证将用户、内容、实时等特征关联到正确的播放记录上呢？在小明的推荐系统中，用户每次请求系统推送会产生一个当天唯一的请求 ID，一次请求内实时特征也会与请求 ID 关联并录入日志系统。因此，在这个系统中，｛请求 ID、用户 ID、内容 ID、日期｝这样一组四元组数据就可以唯一确定一次交互行为样本。

小明用这个四元组将曝光日志表、点击日志表、播放日志表、实时特征日志表中的数据关联到一起，并利用用户 ID、内容 ID 分别关联用户特征表和内容特征表，得到每条样本对应的用户特征和内容特征，完成了对训练样本的构造。

7.6 时间穿越及处理

7.6.1 时间穿越的定义及影响

样本时间穿越问题往往出现在推荐算法模型和特征 $T+1$ 更新的场景下。由于在线学习的条件比较苛刻，$T+1$ 更新是绝大多数推荐系统的常态。$T+1$ 更新的前提是用户天和天之间的行为变化大致可以忽略，因此推荐算法所依赖的特征可以一天只更新一次，模型也可以一天只更新一次。模型通过捕捉昨天用户的行为模式预测今天用户的行为，也就是模型和特征在时域上具备一定的泛化性。

经验不足的推荐算法工程师往往会在特征样本构造上触发时间穿越的问题。具体来讲，就是用 T 日的特征和样本训练了 T 日的模型，用来预测 $T+1$ 日的用户行为，产生的后果就是离线测试评价指标远高于模型在线预测的表现，模型在线预测效果"萎靡不振"。

7.6.2 样本现场还原

到底应该用哪天的样本和哪天的数据来训练模型呢？我们不妨从线上的情形倒推这里的逻辑。此时此刻，线上正在提供服务的模型依赖的特征输入包含三部分：用户侧特征（离线）、内容侧特征（离线）、实时特征。

离线用户、内容特征是 $T+1$ 当天产出的，那么在进行数据统计的时候，$T+1$ 当天还没结束，$T+1$ 当天的天级日志还没产出，是从 T 日之前的日志记录中统计得到的，即 $T+1$ 当天产出的特征包含的是 T 日之前的信息。而对于实时特征，则是 $T+1$ 当天每时每刻不断产出的，包含的信息就是 $T+1$ 当天的信息。因此，向前倒推一天，T 日的在线模型是用 $T-1$ 日的特征数据和 T 日的实时特征数据进行预测的。

为了保证模型预测的数据分布和模型训练的数据分布一致（这样才能让模型拥有一定的时域泛化性），我们需要用 T 日的样本、$T-1$ 日的离线特征、T 日的实时特征训练一个推荐算法模型，用于 $T+1$ 日的在线预测服务。这一过程可以通过一个时间轴进行理解，如图 7-6 所示。

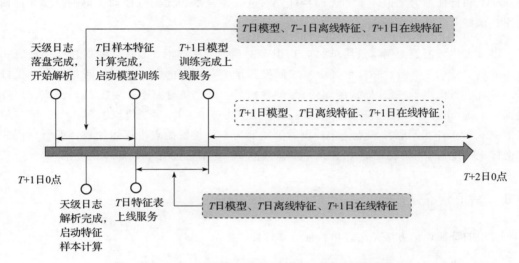

图 7-6　$T+1$ 更新时特征、样本计算流程时间轴

从图 7-6 中我们可以看出，即使使用了时间对齐方式解决时间穿越问题，在一天之内，还是有部分时间下，模型在线预测的特征数据分布在时间上是对不齐的。这是由于特征计算、模型训练、服务更新等流程需要消耗大量时间，而且无法同步。因为半夜到第二天清晨的用户量往往很少，特征和模型也具备一定的泛化性，这段时间的数据问题带来的损失大多数情况下是可以接受的。

当然，我们也有办法进一步解决时间对齐问题。一方面，我们可以优化特征计算和模型训练的速度，让上线完成的时间点尽可能提前。另一方面，可以通过将在线预测时的特征样本直接作为日志回流，异步存储，用于训练模型，而不是通过时间来关联。但这些措施往往会造成计算、存储资源消耗的增加。

7.7　特征与样本消偏

推荐系统存在选择偏差，所谓选择偏差就是由于系统的选择行为和用户的选择行为造成的偏差。首先，推荐系统会将系统认为用户更喜欢的内容推送给用户，但被筛选过滤掉的内容不一定就是用户不喜欢的。其次，用户与系统交互的时候会有选择性，实践证明，用户更容易消费先看到的内容，在持续消费的过程中，疲劳度也会增加。例如，信息流中，相同的内容放在靠前的位置，点击率普遍比靠后的高。因此，越靠后的内容被点击的效用越大，我们往往使用 IPW(Inverse Probability Weighting)方法进行消偏。

IPW 方法的主要思想是统计偏差造成的效用，给效用高的样本增加权重。通过消偏得到的样本和特征称为无偏样本和无偏特征，通过无偏样本和无偏特征训练得到模型，在预测用户偏好上的能力更强。

以点击位置消偏为例，最简单的基于 IPW 的消偏方法如下。首先，我们在线上设置一个小流量实验桶。然后，在这个桶中不按照推荐系统对内容的打分排序，而是完全随机排序。接着，当积累了一定时间（例如两天）的数据后，分别统计每个位置上的点击率，可以得到一个按位置排序的点击序列，例如：第一位点击率 0.09，第二位点击率 0.08，第三位点击率 0.07……最后，按照点击率的倒数等比例为不同位置的点击样本加权，即第一位的点击样本权重为 1，第二位为 1.125(0.09 除以 0.08)，第三位为 1.29，以此类推。

7.8 特征评估方法

常用的特征评估方法是离线单特征效率评估。

对于数值类型的特征评估以及可定义为二分类问题的特征评估，我们可以构造样本来评估单特征的 AUC 等指标。具体来说，由于这类特征是可以互相比较大小的，因此我们也可以按照该特征的数值大小对内容进行排序。那么以这个维度进行排序并计算得到的 AUC 指标，就可以反映该特征与目标之间的相关度。

在评估单特征 AUC 指标时，AUC 指数越接近 0 或越接近 1 越好。AUC 指数越接近 0，特征与目标的负相关越明显，可以从反面帮助模型进行判别，这种信息可以被机器学习模型算法学到；AUC 指数越接近 1，特征与目标的正相关越明显，可以从正面帮助模型进行判别；AUC 指数越接近 0.5，特征与目标的不相关越明显，那么这个特征对模型的贡献就越小，可以考虑去掉或寻找问题所在，以改进特征计算逻辑。

对于 ID、属性类型的特征，可以通过单特征的信息增益进行评估。这是从分类决策树算法中借鉴的思想，定义如下。

$$H(Y) = -\sum_{i=0}^{M} p(y_i) \log_2 p(y_i)$$

$$H(Y|X) = \sum_{x_i} p(x_i) H(Y|X=x_i)$$

$$\mathrm{Gain}(Y|X) = H(Y) - H(Y|X)$$

其中，$H(Y)$ 代表随机变量 Y 的信息墒，M 代表 Y 的可取值个数，$p(y_i)$ 代表 Y 取值为 y_i 的概率。$H(Y|X)$ 代表以随机变量 X 的分布为条件的 Y 的条件墒。$H(Y|X=x_i)$ 代表 X 取值固定为 x_i 时的 Y 的信息熵。$\mathrm{Gain}(Y|X)$ 代表 Y 关于 X 的信息增益。在实践中，Y 取标签分布，而 X 取想测试的离散类单特征分布。

推荐系统的算法原理与实践

推荐系统的算法模块在内容分发和智能决策中承担了主要的责任。其中,内容分发的链路通常被拆分为召回和排序两大模块。由于所处模块的角色不同,其对应的算法也有不同的优化目标和建模方式。

第三部分将以问题驱动的方式,介绍召回、排序、决策智能中各种典型算法的设计思想和理论解释。在帮助读者更好地理解算法的同时,充分洞察推荐系统领域的算法沿革和未来方向。

第 **8** 章

业务驱动视角下的召回技术

召回是推荐系统的核心模块之一,召回模块的效率决定了下游任务的效果。同时,召回技术也是学术界的热门话题,英文语境的学术检索关键词为 matching、candidate generation。结合这两组关键词的中文语义,我们可以从两个角度理解召回技术的作用:从召回的优化目标来看,召回技术是在进行用户与内容之间的匹配(matching);从召回模块在整个推荐算法主链路位置的角度看,召回技术的目标是帮助下游的排序模块生成内容的候选集(candidate generation),作为排序模块的输入。换个说法,该目标也可以被理解为帮助排序模块进行内容的海选和粗筛。

然而,很多人忽视了一个重要的问题,即大多数学术研究都是构建在简化、抽象的学术问题之上。召回技术的核心目标是什么?这一问题被剥离,绝大多数的研究都只关注手段而不关注目标,这也是很多学术界提出的"手段"在工业界的真实场景中难以落地的重要原因。

本章主要介绍召回技术的业务定位和与之配套的技术手段,帮助读者知其然也知其所以然,对工业界真实业务场景的召回技术有更加全面的理解。

8.1 推荐系统召回技术概览

本节从宏观角度介绍召回技术的业务定位和技术建模思维。

8.1.1 推荐系统召回技术的业务定位

回顾我们在第 2 章介绍的内容,整个召回、排序模块是生态循环的大动脉,是内容的主循环系统。海量的内容通过召回、排序层层筛选，与用户交互后实现实时的或天级别的更新。从这个角度看，召回模块在系统内的显式作用是用户兴趣和内容的粗匹配和排序，隐式作用是内容生态结构的塑造。

首先，实现内容和用户兴趣的匹配和粗排序要先明确目标，再确定技术手段的选型。从算法的角度来解释，我们要先定义何为召回算法的正样本、负样本，然后选择算法优化手段。推荐系统的优化目标是用户体验，而用户体验是一个抽象的多面体，可以进一步拆解为 3 个字：新、热和黏。

"新"代表新鲜和新颖，例如刚进入分发体系的新内容或用户没见过的品类下的内容；"热"代表站内热度高的内容，例如大量用户搜索的内容或在推荐系统内持续分发效果好的内容；"黏"代表能够"黏住"用户的内容，也可以理解为用户感兴趣的内容。用户对内容的兴趣可以通过分析用户在 App 内的交互历史得到，用户的长期和短期兴趣内容都是能把用户留在站内的内容。

"新、热、黏"是绝大多数业务场景对召回技术提出的通用要求，而就技术实现路径以及技术有效性而言，这 3 个要求适合以不同的技术思维进行建模。

"新"的问题适合用冷启动的思维进行算法和策略建模，在第 10 章会详细介绍。

"黏"比"热"更适合作为召回算法建模的目标。这是因为"热"代表了绝大多数人都喜欢的内容，即"热"的内容和大多数人的兴趣匹配度都很高，而推荐系统的召回算法重在个性化，即寻找人与人之间、群体与群体之间兴趣的差异性，通过兼顾用户头、腰、尾部的主要兴趣，将用户"黏"在站内。从统计学习的角度解释，我们更希望召回算法模型可以学习到每个用户腰部、尾部的兴趣模式。

在同一个召回算法模型内，同时建模热门兴趣匹配目标和腰部尾部兴趣匹配目标。更通俗地说，要求一个召回算法模型具备既可以推荐热门兴趣内容，又可以推荐该用户个体差异化的兴趣内容的能力，这是一个非常困难的任务。

任意一个热门内容，对于每个用户而言，极大概率是正样本，且在正样本里面的比例很高。从最小化推荐错误风险损失的角度理解，模型对热门内容的打分很容易高于其他内容样本，这是因为推荐热门内容给用户，"出错"的概率更小。因此，在召回算法模型的设计中，往往要包含对热门内容的打压。由此可见，学术界研究的大部分召回算法模型，属于"去热"的兴趣匹配范畴。

算法"去热"不代表不推热，推热的任务可以交由人工策略和运营完成，也可以通过推荐算法的爬坡机制实现。

总起来看,"新"要靠冷启动,"热"更依赖人工引导,而我们在机器学习、深度学习语境下谈及的"召回算法",主要服务于去热的、个性化的、腰部至长尾兴趣的匹配工作。以上就是我们在实践中看到推荐系统大多存在多路召回并存的核心因素。

召回要服务于内容生态的塑造。不同的产品对推荐场景有不同的诉求,底层逻辑无外乎用户增长、收入增长和品牌调性。以视频平台为例,不健康的内容虽然能在短期内给平台带来庞大的流量,但不利于平台的生态发展,以及用户心智和品牌的塑造。

召回算法模型可以学习到的用户模式是基于线上现存的用户和内容间的交互日志捕捉到的。如果不健康的内容相对于其他类型的内容,在男性用户群体中持续处于"分发中"的优势地位,召回算法也会更倾向于为所有男性群体召回更多的不健康内容,但这并不利于平台长期健康发展。因此,我们会在实践中看到推荐系统中的召回模块有着各种各样的策略限制。

从生态代谢的角度看,召回模块还负担着"自然选择"的任务。根据漏斗效应,召回是内容筛选的一层过滤网。在某个用户的请求里被过滤掉的内容,在本次请求中就不会有曝光的机会。在大多数用户的请求里被过滤掉的内容,可能会逐渐从流量中淡出,永远失去曝光机会。

召回算法需要实现的一个生态价值目标,就是让优质的内容有更多的曝光机会。而它实现这一目标的核心手段,就是通过频繁地、持续地为用户筛选内容以及与用户交互,从客观和后验的角度,自动实现内容的优胜劣汰(类似地,召回下游的排序模块也遵从同样的逻辑)。优胜劣汰的底层逻辑是首先定义"优质"。在绝大多数场景下,"优质"需要主观和客观两个角度的信息,这也就意味着我们需要在内容分发中实现业务领域知识和召回算法的平衡。

8.1.2 业务驱动下的召回技术建模思维

延续 8.1.1 节的思考逻辑——首先,推荐算法工程师在设计召回模块时,需要明确系统的优化目标。更具体地,就是哪些行为可以被归类为用户的正反馈行为,进而可以定义负反馈行为。在此基础上,明确一路召回优化的目标,是直接优化用户的正反馈总体期望,还是通过某些侧面指标来间接建模用户的兴趣。例如,用户对某个推荐的内容产生了正反馈,那么他很有可能对标题相似的内容也产生正反馈,于是就有了基于标题语义相似度的内容召回。

　　其次，推荐算法工程师要根据推荐系统的生态状态因地制宜，设计召回模块的技术路径。在 8.1.1 节中我们谈到，推荐系统的终极优化目标是用户体验。用户体验包含了诸多方面，时至今日，依然没有一种可以全面解决所有问题的方法。

　　业界绝大多数的实践中，推荐系统均包含多路召回。推荐算法工程师在进行多路召回的选型设计时，需要考虑两方面的内容：一方面是多路召回的互补性；另一方面是策略和算法之间的优先级。多路召回的互补性，强调每一路召回的不可替代性。如果两路不同召回返回的结果过于同质化，那么它们同时在线也只是浪费了机器资源。

　　多路召回建模的底层逻辑是用户核心价值的拆解，推荐算法工程师要从"新、热、黏"的角度去分析数据、体验产品。常常问自己：有哪个诉求没有被满足？有哪个诉求满足得不够好？没有被满足好的诉求是现有召回组合或算法选型中哪个缺陷导致的？同时，推荐算法工程师要从生态的角度去分析数据，与负责运营的同事时常讨论，当下的内容生态是否健康，优质内容是否被充分召回，并分配了合理比例的流量。如果没有，又是什么原因造成的。

　　在技术路径的选择上，推荐算法工程师经常面临的一个问题是先上线召回策略，还是直接开发、上线算法模型。我采取的方法很简单：同等开发周期下优先上线算法，不同开发周期下优先上线开发周期短的方法。算法和策略的区别在于，策略召回只能解决人工经验可以覆盖的头部问题，而算法模型可以同时覆盖腰、尾部的问题。现实中，大多数情况下策略的效果不如算法，但策略的开发周期远低于算法。

　　为什么不能一步到位直接选择效果更好的算法呢？原因很简单，用户不能等，生态也不能等。用户体验决定了用户留存的概率，用户规模又进一步决定了生态的构建进度。通过策略快速弥补体验缺陷，让内容、数据流动起来，对于场景孵化而言极其重要。很多时候，错过了吸引用户、留住用户的最佳时机，场景就可能颓势难挽。此外，很多算法的效果依赖一定规模的后验数据，在数据积累不足的情况下，算法的效果往往不如人工策略。

　　推荐算法工程师要从资源成本角度对算法选型做取舍。之所以将推荐系统的主循环拆分为召回和排序两大级联的模块，而不是对所有内容应用复杂算法模型或策略做全匹配，是因为计算资源的限制。

　　召回模块的技术选型追求极致的性价比，主要原因是召回（作为一级漏斗）的通过率一般仅有千分之一到万分之一，但召回模型的在线运行耗时空间有限，不得不追求又快又准。具体来说，召回算法要解决的问题是如何在有限的时间内（在线推荐链路留给召回模型的耗时上限），以某种距离度量的方式完成尽可能多的用户到内容的匹配，并对结果排序，截取匹配度最高的内容返回。

8.2 召回中的策略框架

在召回模块中，算法服务和业务策略往往会配合使用，以实现用户体验的最优化。业务策略通常以3种方式影响召回的结果——控制入口、控制出口和直接以策略召回结果。

8.2.1 圈池策略

在内容总量规模较小的情况下，圈池策略可以被略过。如果平台内容的总规模数以亿计，那么直接在如此大规模的内容上部署召回模型或策略，是对计算资源的浪费。这是因为，一些质量较差、热度较低、新鲜度低的内容，被推荐给用户往往会造成负面的体验，根本没必要参与召回。召回内容的预筛选既可以减少资源浪费，也可以保证召回算法效果的下限。具体地，可以避免召回算法在长尾内容上预测结果出错，进而导致一些负面的用户体验问题。

我们将基于某种机制进行内容初筛的手段称为内容圈池。将候选集合比作一个大蓄水池，为了让这个水池中的水成为一潭活水，需要合理定制"入水口"和"出水口"，这关系到入池规则和出池规则的制定。出入池规则依赖业务领域知识，有一个基本准则是维持内容池的规模基本稳定。

8.2.2 召回多样性策略

为了防止热门、同质化的内容在召回结果中聚集出现，通常会有基于人工经验的多样化策略，在召回的出口处控制结果的多样性。例如，假设某一路召回内容为300个，需要截断到前100之后送给排序模块。如果前80个都属于同一个标签或类目，那么这一定是不利于多标签、多品类内容平衡性的。

一个通用的多样化策略是打散。打散算法包含两个要素，一个是打散的维度，另一个是打散的窗口长度。首先，我们要根据业务特性确定打散的维度，例如我们希望电商推荐的结果尽可能包含不同类目的商品，我们可以按照类目维度对结果进行打散。其次，我们要确定打散的窗口长度。换句话说，就是在一个内容列表里间隔多少个内容可以出现相同类目的其他内容。

举一个打散算法的例子，假设打散前召回结果的"ID，类目"二元组的有序列表是$\{(1：A)，(2：A)，(3：A)，(4：A)，(5：B)，(6：B)，(7：C)，(8：C)\}$，那么经过打散后的结果应当为$\{(1：A)，(5：B)，(7：C)，(2：A)，(6：B)，(8：C)，(3：A)，(4：A)\}$。

我们也可以看到，列表最后的部分没有完全打散，这是因为列表中各个类目的内容不平衡。我们可以在此基础上，寻找其他维度对内容进行进一步打散，或者接受这个结果并返回。

为了防止召回内容时域上的重复性，造成用户疲劳感，在召回结果返回前还会设置一些过滤机制。例如，针对近期多次曝光无点击无消费的内容，可以将其从召回结果中过滤出去，曝光无消费的次数和统计的时间窗口参数可以通过线上实验进行选择。

8.2.3 基于业务策略的召回

生成召回结果不是只能靠算法，通过人工经验实现的召回策略也可以产生不错的效果。例如，根据用户画像的类目进行召回，根据用户最近有消费行为的标签进行召回等。基于策略的召回机制的优点是简单易实现，可解释性强；缺点是对业务领域知识、数据分析的依赖性强，需要人工设定复杂的召回参数和度量方式。

以根据用户近期消费行为的标签召回为例，核心逻辑是通过对用户近期的消费行为进行聚合统计，计算得到内容的一系列标签。这些标签代表用户近期的消费兴趣，要通过这些标签把相同标签下的其他用户更感兴趣的内容召回并推荐给用户。

具体地，这里涉及如下几个问题。

- ❑ 问题一，统计的时间窗口应定为多少，是 7 天还是 30 天？
- ❑ 问题二，从聚合后的结果中，如何选择召回的标签？例如，聚合近 7 天的数据得到 300 个标签，通过 300 个标签直接进行召回会产生过大的召回量，因此从 300 个标签中截选数个。标签个数也是一个需要人工设定的参数。
- ❑ 问题三，每个标签应当召回多少内容？
- ❑ 问题四，如何度量召回内容和用户之间的匹配度？

这些问题需要靠人工经验和数据分析逐一确定。

8.2.4 召回模块框架

如图 8-1 所示，召回模块的完整框架不是简单的算法服务，而是融合大量人工策略的复杂流程，形成当下以算法为主、人工为辅的召回模块范式。

全量内容池中包含产品上线以来所有的可分发内容，但在产品不同场景的运营策略限制下，各场景的可分发内容各不相同，于是我们通过实现圈池策略获得各场景的内容池。这些场景内容池的圈选机制可参考 8.2.1 节。绝大多数圈池策略是一些动态的机制，以保证符合条件的新内容可以正常进入各场景池。

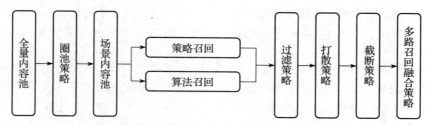

图 8-1 通用推荐系统中召回模块的完整框架

由于场景圈池允许各场景内在线可分发内容动态增补，而内容实体往往存储于离线的数据中心侧，所以在工程实现上，我们需要这个系统能够支持实时的内容池变更监控，同时根据内容池变更的消息机制实现在线场景池索引的增量或全量构建。

策略召回大多是根据用户的特定画像关联内容的特定属性标签，进而召回大量内容的 ID。从需求角度出发，策略召回要求系统能够基于不同属性的 ID 召回来设计并构建在线数据索引，最基础的，例如倒排索引。算法召回则基本根据内容的高维向量表征进行近似的最近邻检索，因此我们还需要系统能够支持便捷的高维向量近似检索索引的构建。

在每一路召回机制返回结果后，这些结果还不能直接向下游透传，主要原因是：第一，有些内容不适合透传；第二，内容多样性需要在召回侧就开始考虑；第三，下游模块的处理能力有限，需要控制透传数量。

我们会先对每一路召回的内容进行过滤，以剔除不适合透传的内容。例如，一个用户昨天刚买过的商品，且短期内不太可能重复购买，那么就需要过滤掉；一些视频内容不适合 18 岁以下用户观看，用户的年龄属性在 18 岁以下时，这些内容也需要被过滤掉。

在过滤策略之后，我们利用打散策略进行内容多样性的控制。内容打散的目的是控制各路召回结果中不同类型内容的数量，如果返回的内容是 AAAABBCC，并且要截断到 6 个变成 AAAABB，那么 C 类内容就会完全被丢弃，导致多样性变差。理想情况是先打散为 ABCABCAA，然后进行截断。实现这类打散的方式包括随机按比例混合、按坑位轮询填空等方式。

对于过滤并打散好的内容，我们需要按照这一路的打分规则，以分数从高到低的顺序进行一次截断。这里就存在一个问题：一般情况下，我们会设计十几种召回方式并行召回内容，但显然每一路召回的效率并不是对等的。那么我们该如何控制每一路召回的截断数量呢？一种方式是，根据业务经验或在线实验，人工调节各路召回的数量；另一种方式是，根据某种业务优化目标，将各路召回配比问题建模为一种在线参数寻优问题，常用的技术方案包括第 10 章会介绍到的强化学习技术。这两种方法各有优劣，前者实现简单，对系统要求低，并且可控性强；后者优势短期效率高，但可解释性差，对系统生态的长期影响难以评估。

在每一路内容都做了截断后，我们面临的一个问题是多路内容该如何融合。因为每一路召回的手段、准则不一样，打分分数互相之间不可比，所以我们要将所有路的召回结果拉到同一个评价体系内进行比较。这里需要一个统一的打分模型辅助我们对内容进行比较。一个常见的做法是再次利用向量召回模型，计算内容和用户的相似度，最后按照统一的相似度分数进行排序。需要注意的细节是，不同路召回可能会召回同一批内容，因此在打分前要对内容 ID 进行去重，避免计算资源浪费。

在融合阶段的打分排序后，如果有再次截断的必要（如果担心各路召回的内容重复性高，进而可能导致融合后的内容数量反而不足，那么可以在各路截断的时候，留有一定余量。这种做法在重复度低的情况下，会导致向下游透传过多），那么需要再做一轮打散并截断，以保证多样性。

8.3　U2I 召回算法

U2I(User to Item)代表利用用户的信息来召回对应的内容。根据用户画像召回和根据用户历史行为制定召回策略都属于 U2I 的范畴。基于人工经验的召回机制存在对人工经验依赖过重、无法兼顾用户的长尾与小众需求、新颖性和探索性不足等缺点。于是，U2I 召回进入统计模型和深度学习算法时代。本节将介绍 U2I 算法的历史沿革、思维模式和代表性的工作。

8.3.1　UserCF 算法

UserCF(User Collaborative Filtering，用户协同过滤)算法是最早的推荐算法的尝试，虽然在现代主流推荐系统中几乎没有相应的应用了，但仍然可以因其简单易实现的特点，辅助新推荐场景的快速搭建。顾名思义，UserCF 通过利用用户信息之间的协同关系，从内容的海洋中过滤出用户可能喜欢的内容。这一方法起源于电影评分网站，其底层逻辑是根据用户评分行为的相似性，在相似兴趣标签的用户之间推荐用户没看过的高分电影。用户-内容评分矩阵效果如图 8-2 所示。

这个问题包含两个子问题，一个是如何建模用户之间的相似度，一个是如何对推荐的内容进行排序。

对于电影评分网站这个场景，我们可以将图 8-2 中的用户-内容评分方格看作一个矩阵，矩阵的行是某个用户的所有评分行为的信息向量，矩阵的列是某个电影被用户点评的信息

	内容评分1	内容评分2	内容评分3	内容评分4	内容评分5	内容评分6
用户1		3.0		4.2	5.0	
用户2		3.1	2.8		5.0	0.0
用户3	4.0		2.9		4.4	
用户4	4.1			?	1.5	1.0
用户5	5.0	3.3			4.9	
用户6			3.2	4.1		1.2

图 8-2 用户-内容评分矩阵效果

向量。从代数的角度来讲，我们可以以用户的评分数据向量代表用户，用向量之间的相似度表达用户之间的相似度。向量相似度的计算方式有很多，常用的有余弦相似度和皮尔森相关系数。我们假设两个用户对应的向量分别为 u 和 v，它们之间的余弦相似度的计算公式如下。

$$\text{sim}(u, v) = \frac{u \cdot v}{\|u\| \|v\|}$$

皮尔森相关系数的计算公式如下。

$$\text{sim}(u, v) = \frac{u, v - \dfrac{\sum_{i}^{N} u_i \sum_{j}^{N} v_j}{N}}{\sqrt{\left[\|u\| - \dfrac{\left(\sum_{i}^{N} u_i\right)^2}{N}\right]\left[\|v\| - \dfrac{\left(\sum_{j}^{N} v_j\right)^2}{N}\right]}}$$

其中，$\|u\|$ 代表向量 u 的 L2 范数，N 代表内容总量。

有了相似度的计算方式，针对用户 u，我们可以很方便地找出与它最相似的 n 个用户。把这 n 个用户评价过的电影召回，去掉用户 u 观看并评分过的电影，就可以得到召回结果。如果召回结果过多，我们如何从中筛选用户 u 更喜欢的子集呢？这就涉及用户和内容匹配度的建模。UserCF 中对于用户-内容匹配度的定义公式如下。

$$\text{score}(u, i) = \sum_{v \in U, \ v \neq u} \text{sim}(u, v)\,\text{score}(v, i)$$

其中，$\text{score}(v, i)$ 代表用户 v 对 i 的评分（直接从矩阵中获取，无须计算），U 代表与用户最相似的 n 个用户的集合。这一公式的含义是，如果某个用户 v 评价了内容 i，那么用户 v 和用户 u 的相似度越高，v 对这个分数的结果贡献就越大。我们为用户 u 计算所有未打分内容的匹配度，并根据此结果对内容进行降序排序，截断后返回。

UserCF 算法的优点是计算简单、迅速。其缺点之一是参数需要人工确定，即最相似用户个数 n，网站用户群体庞大，对余下全体用户进行计算的计算量巨大，而带来的收益微乎其微。缺点之二是对行为稀疏的用户的行为推荐效果较差。行为稀疏的用户大多为低活跃度用户或新用户，其行为稀少会导致用户相似度计算的结果可信度不高。

8.3.2　矩阵补全算法

在 8.3.1 节对 UserCF 算法的介绍中，我们提到 UserCF 算法的一个很大的限制是参与计算的相似用户个数有限。如果我们能找到更多与用户 A 相似的用户来推测用户 A 的偏好，那么就可以更准确地捕捉用户 A 的兴趣。UserCF 中的另一个问题就是人工经验的引入，例如用户相似度的定义公式是人为指定的，其合理性、度量的准确性是没有保证的。

我们从线性代数的视角重新审视 UserCF 方法的建模方式，可以发现 UserCF 方法中暗含了一个理论假设：用户对内容的偏好可以用高维向量表示，且不同用户的偏好可以互相表示。

具体地，用户评分向量是可以用其他相似用户的评分向量线性表示的。在线性代数中，如果行向量之间不是完全线性独立的，那么这个矩阵就不是满秩的。在实践场景中，我们面向的用户是有人群划分的，同一个群体的用户偏好相似度很高，即大量的用户向量可以互相被线性表示，那么这个偏好矩阵就是一个低秩矩阵。假设 r 是矩阵的秩，n 是用户总数，那么 $r \ll n$。

在低秩假设下，用户的偏好矩阵可以被一个与之等价的低秩矩阵代表，找到这个等价的低秩矩阵，就相当于补全了原始偏好矩阵中的缺失值，也就是用户潜在的偏好内容。这就是矩阵补全算法的基本逻辑。

矩阵补全算法种类繁多，下面介绍一种实现简单、效果有保障的方法——基于矩阵分解的矩阵补全算法。假设 X 是原始用户的偏好矩阵，Y 是用户真实的低秩偏好矩阵，包含原始矩阵中丢失的偏好值。r 是 Y 的行秩，代表 Y 中线性不相关的行向量的个数，也就是实际中彼此兴趣相差很大的人群的个数。因为 X 是不完整的矩阵，所以我们无法用常规的矩阵分解的方法对它进行分解。然而，假设中的 Y 是完整矩阵，是可以被分解的。因此，方法的核心要点就是去分解矩阵 Y。

在我们寻找优化目标的时候，还缺少一个落脚点，就是如何构建 X 和 Y 之间的关系。这里我们还需要一个假设，那就是系统能够取得的用户偏好数据和真实情况差距不太大，

那么 X 与 Y 之间的差距就不会太大。因此，我们的优化目标可以设定为寻找 Y 的时候，最小化 X 和 Y 之间的差距。同时，Y 矩阵和 X 一样是低秩的，那么如何给 Y 添加一个低秩约束呢？这就要用到常规矩阵分解方法的思想。如果矩阵 Y 的秩是 r，Y 是个 n 行 m 列的矩阵 $Y^{n \times m}$（即 n 个用户，m 个内容，$r \ll \min(m, n)$），那么 Y 就可以被表达为两个低秩矩阵 $U^{n \times r}$ 和 $V^{m \times r}$ 的积。于是，我们进行优化的损失函数可以写作如下形式。

$$\text{loss} = \min \| X - Y \|_F^2 = \min \| X - UV^{\mathrm{T}} \|_F^2$$

其中，$\| \cdot \|_F$ 代表矩阵的 Frobenius 范数。由于这个优化问题是个非凸问题（优化问题分为两大类——凸优化问题和非凸优化问题，读者可以参考最优化相关理论资料），存在大量局部最优解，为了尽可能找到局部最优解或全局最优解，我们可以为优化目标加上一个正则项。

$$\text{loss} = \min \left[\| X - UV^{\mathrm{T}} \|_F^2 + \beta (\| U \|_F^2 + \| V \|_F^2) \right]$$

这个问题可以通过随机初始化矩阵 U、V 解决，利用梯度下降的方法迭代交替求解 U 和 V，最终重构得到 Y，最后根据得到的 Y 为用户推荐内容。

8.3.3　向 Neural CF 迈进：Deep Match 框架

发源于电影评分网站的协同过滤思想是 U2I 推荐的基石，然而，传统的协同过滤推荐算法，在应用到当下拥有超大数据规模的推荐系统中时，显示出了缺陷，原因有以下 4 个方面。

❑ 用户规模和内容积累数以千亿计，在如此庞大的矩阵上进行计算并不现实。

❑ 新用户、新内容会被动态地投入系统，而传统的协同过滤方法在处理一个不断动态扩张的用户-内容矩阵时是十分低效的。具体地，需要不断地对整个用户-内容历史交互数据进行计算和建模。

❑ 传统的协同过滤方法是完全基于用户历史行为进行建模的统计类方法，无法处理冷启动问题。在对整个用户-内容空间重新计算前，无法对新用户、新内容进行正常的内容推荐。

❑ 基于协同过滤的 U2I 的核心思想是寻找相似的用户，而用户往往无法提供明确的偏好。例如：有的用户愿意为内容评分，而有的用户不愿意；有的产品为了提供更轻松的使用体验，不强制用户给消费过的内容以明确的评分，即使用户给出了评分，有时候也是彼时彼刻状态下的一个主观感受，相比于我们的模型所期待的客观统计数据，存在一定程度的噪声。

为了解决上述问题，研究人员把矩阵补全思想做了改良，衍生出广义矩阵补全。矩阵补全的底层逻辑是找到两个因子矩阵 U 和 V，用来近似重构出用户-内容矩阵 X。其中 U 的每一行可以理解为，将原始偏好矩阵中的用户向量降维到 r 维（真实偏好矩阵 Y 的秩为 r）空间中，同时尽可能保留用户的偏好信息，这一降维后的向量仍可被认为是可代表用户的向量。V 的每一行可以同样理解为降维后的内容向量。根据矩阵乘法的含义，假设 U_i 代表 U 中第 i 个用户向量，V_j 代表 V 中第 j 个内容向量，$U_i \cdot V_j$ 得到的标量就是 Y_{ij}，即用户 i 对内容 j 的偏好程度。

在绝大多数场景中，用户不会为内容提供明确、客观的评分，但会通过产品、系统侧面提供反馈，例如用户的点击、购买、点赞等行为。那么一个更加通用的建模方式，就是在用户的反馈中定义正样本和负样本，将得到正负样本标签矩阵作为偏好矩阵 X。

剩下的问题依然是如何得到矩阵 U 和 V。在广义矩阵补全中，我们还有一个新的目标，即如何把既有的用户和内容特征利用起来，辅助重构 U 和 V。

我们可以通过特征工程的方式得到大量的用户和内容特征，这些特征的特点是有各种各样的类型，并且用户特征和内容特征的形式也是不对称的。然而，我们所期待的 U 和 V 中的用户向量和内容向量都是 r 维空间中的向量，我们需要解决的是如何把这些特征映射到同一个空间中。

在深度学习时代，这一问题可以通过深度神经网络表征学习的方式来高效解决。我们假设 F 是一个神经网络的家族（或称集合），$\mathcal{F}_U$ 和 $\mathcal{F}_V$ 分别是某两个具体的神经网络，是这个神经网络家族 F 中的成员。我们试图在 F 中寻找最优的 $\mathcal{F}_U$ 和 $\mathcal{F}_V$ 把杂乱无章的用户、内容特征映射到统一特征空间，从而得到 U 和 V。那么我们的损失函数变化如下。

$$\text{loss} = \min(\| X - \mathcal{F}_U(\text{fea}_U)\mathcal{F}_V(\text{fea}_V)^{\mathrm{T}} \|_F^2 + \beta\theta_{\mathcal{F}_U}^2 + \lambda\theta_{\mathcal{F}_V}^2)$$

其中，fea_U 代表用户特征，fea_V 代表内容特征，$\theta_{\mathcal{F}}$ 代表对神经网络参数进行正则化约束。

在实际操作中，我们一般不会对所有可能的用户和内容进行上述目标的优化，原因有二。

□ 我们无法获取所有用户对于所有内容的正负反馈，实际上正负样本也是通过各种采样技术得来的。

□ 计算效率太低，不适合不断学习、不断更新的推荐系统场景。

综上，我们对原本的损失函数做了近似，得到新的神经网络矩阵分解（Neural Collaborative Filtering，Neural CF)损失函数如下。

$$loss = \min_{s \in S} \mathbb{E}\{-y_s \log_2 \mathcal{F}_U(s)\mathcal{F}_v(s) - (1-y_s)[1 - \log_2 \mathcal{F}_U(s)\mathcal{F}_v(s)]\} + \beta\theta^2_{\mathcal{F}_U} + \lambda\theta^2_{\mathcal{F}_v}$$

其中，S 代表全部训练样本的集合，$\mathcal{F}_U(s)$ 代表将 S 中一个样本 s 对应的用户特征输入网络 $\mathcal{F}_U$ 得到的预测值，$\mathcal{F}_v(s)$ 代表将样本 s 对应的内容特征输入网络 $\mathcal{F}_v$ 得到的预测值。

在原本的优化公式中，我们可以理解为用最小平方误差(Mean Square Error，MSE)方法进行优化，在 Neural CF 中，我们在使用交叉熵(Cross Entropy，CE)作为损失函数，这是为什么呢？这取决于我们如何理解样本标签矩阵 Y 的含义。

MSE 方法在极大似然估计(Maximal Likelihood Estimation，MLE)理论中往往用来建模大致呈高斯分布的数据回归问题。CE 方法往往用来建模呈伯努利分布的数据分类问题。

我们的样本标签矩阵 Y 是通过人为划定用户反馈的正负样本得到的。换句话说，就是我们无法确定 Y 中数据是否正确，我们认为的正样本代表用户喜欢的概率更大，反之用户喜欢的概率更小。这非常贴合伯努利分布假设，即我们更多地是在建模一个二分类问题。

基于神经网络的协同过滤方法的模型结构，如图 8-3 所示。我们把这一类方法归类为 Deep Match 框架。这一类方法有如下特点。

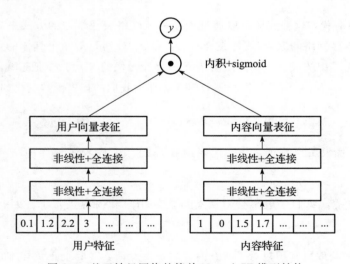

图 8-3　基于神经网络的简单 Neural CF 模型结构

❑ 需要在整个矩阵上进行运算。
❑ 通过深度神经网络和特征工程获得更强的信息表达能力和泛化性。

❑ 更适应现代推荐系统的用户会不规律地分批到来，内容也是动态补充的现状。

在图 8-3 中，我们使用内积来建模用户和内容之间的匹配度，使用简单的深层神经网络（Deep Neural Network，DNN）来建模用户特征向低维向量空间的映射函数。当然，在 Neural CF 的框架中，也允许用多层神经网络来建模用户和内容之间的匹配度，但这种度量方式比点积或欧式距离复杂得多，不适合对性能要求极高的召回阶段。

8.4　I2I 召回算法

I2I(Item to Item)代表用内容对召回其他内容，基本假设是用户看过或消费过某个内容并有较好的正反馈，那么他对相似的内容也会有较大概率给出正反馈。在多路召回并存的推荐系统中，I2I 召回是 U2I 召回的重要补充。本节主要介绍 I2I 召回的价值和代表性工作。

8.4.1　I2I 召回的业务价值及特点

在理想状态下，如果我们能够精确估计用户的偏好，就可以完全抛弃 I2I 召回。U2I 召回是直接建模用户对内容的偏好，而 I2I 召回则是建模内容和内容之间的相似性。I2I 召回的效果是建立在用户偏好会沿着相似内容传递的经验性假设上的。理论上，相比于 U2I 直接建模用户到内容的关系，I2I 建模的是用户到内容再到其他内容的多级关系，链条更长，因而信息噪声也会沿着链条扩大。

现实的残酷在于，由于种种限制因素，我们永远无法完全捕捉用户的真实偏好，只能逐渐接近。U2I 预估用户偏好的能力建立在用户有充分的交互行为，并且整个推荐系统有比较小的选择偏置和噪声的基础上。

相对而言，I2I 召回的假设更加合理和保守，尤其是在推荐系统搭建的初期，用户正反馈较少而负反馈较多的状态下。如果一个用户对某个内容产生了隐式的正反馈，I2I 召回的结果更容易促进用户持续消费，帮助系统积累用户数据、增强用户黏性。

I2I 召回往往是短期内提升场景效率的主力军，但也是用户陷入信息茧房的罪魁祸首。U2I 召回比 I2I 召回有更大可能提供惊喜性、兴趣探索性，因为从 U2I 的建模方式上可以看到，U2I 可以把相似用户的各种兴趣推荐给他人，即使这个用户之前没有表现出对这个内容的兴趣。

从 I2I 的视角来看，根据用户交互历史中的内容标签、类目等信息为用户推荐内容也可以理解为 I2I 召回。基于场景、业务领域经验构建的 I2I 召回策略种类繁多，但不具备通用性，8.4.2 节～8.4.4 节介绍一些通用的 I2I 召回算法。

8.4.2　Trigger Selection 方法

I2I 召回与 U2I 召回不同，U2I 召回通过用户的信息触发召回，而 I2I 是利用用户与部分内容的关系，通过内容信息间接触发召回。这些用来触发召回的内容被称为触发器 (Trigger)。就 I2I 召回的特性而言，Trigger 的选择有非常重要的意义。如果 Trigger 是高度相似的内容，那么通过 I2I 召回得到的内容也会带有高度的相似性甚至重复性。Trigger Selection 方法包含两个核心要素，一个是从哪里选择 Trigger，另一个是如何设计选择策略。下面介绍一个比较通用的 Trigger Selection 方法。

首先，我们从用户活跃度的角度逐步分析。针对高活用户，我们有充足的交互历史数据，Trigger 需要从用户有明确正反馈信号的内容里筛选。针对中低活用户，Trigger 可以从用户有隐式正反馈信号的内容中选取。对于没有历史数据的新用户，Trigger 可以从优质内容中选择，进而进行兴趣探索。优质内容则是在中高活群体上分发效果好的内容。

其次，在选择 Trigger 的时候，要对 Trigger 进行兴趣打散。由于兴趣往往难以度量，可以考虑借助标签和类目等属性信息，让 Trigger 在标签上不重合，或从属于不同类目。

利用以上方法，我们可以选择 n 个 Trigger，每个 Trigger 通过某种 I2I 算法选择与 Trigger 最相似的 m 个内容，就可以召回 $n \times m$ 个具备一定多样性的结果了。

8.4.3　ItemCF 算法

ItemCF 算法和 UserCF 算法的底层逻辑是相通的。图 8-2 中矩阵的列代表哪些用户为某个电影打了分或投了票，可以表达某个电影适合哪类人群。我们可以把这个列理解为一种电影的表征。

假设 X_i、X_j 分别代表矩阵 X 的第 i 列和第 j 列，那么它们之间的相似度可以同样利用余弦相似度建模。于是，我们可以计算得到除 i 以外的内容与 i 之间的相似度，由此得到一个 $m \times m$ 大小的 I2I 相似度矩阵 Z。这个矩阵中的元素 Z_{ij} 就代表内容 i 和内容 j 之间的相似度。这些相似度可以作为 I2I 召回的排序参考分数。

8.4.4　Item2Vec 算法

与 U2I 迈向向量化表征的动机相似，I2I 召回的核心诉求是填满 I2I 相似度矩阵 Z，那么也可以通过广义矩阵补全的逻辑实现。如果在用户和内容之间的交互行为数据之外，我们还有更多的信息来表达内容本身，就可以更好地捕捉内容之间的相似度。例如，电商网站上的商品标题、标签可以用来计算商品之间的文本语义相似度；商品图片可以用来计算视觉相似度。

那么我们该如何提取商品标题的文本表征呢？目前一个比较流行的方法是，获取在通用大规模文本数据集上预训练过的 Bert 模型，将其在业务场景的数据集上进行微调。同理，图片的内容表征可以通过 Auto-encoder 等计算机视觉方法抽取。然后，通过计算所有商品 i 和商品 j 对应的文本（图片）表征之间的相似度（例如余弦相似度），就可以类似地得到商品对应的 I2I 文本（图片）相似度矩阵，用于 I2I 召回。这里的核心技术从属于自然语言处理（Natural Language Processing，NLP）和计算机视觉（Computer Vision，CV）领域，本节不展开具体介绍。

8.5　基于图结构的召回算法

基于图结构的召回算法的核心思想包含两个部分：图的构建和基于图结构的召回算法。图的构建方法往往倚重对业务的理解，不具备通用性，例如在电商网站中，利用用户对商品的点击行为来构建图的"边"，而视频网站则考察观看视频的时长。本节不介绍图构建的方法，主要介绍基于图结构的推荐召回算法的思想起源、历史沿革和代表工作。

8.5.1　图召回的前世今生和业务价值

一切都要从社交网络中的推荐功能说起。社交网络中好友推荐的算法建模思维虽然也可以套用协同过滤的逻辑，但始终不如直接利用网络本身的结构信息来得自然。例如，在社交网络的社会学分支中，本就有六度分割理论：把社交网络理解为一张图，用户是图中的节点，而好友关系是图中连接节点的"边"。为某个用户推荐新朋友时，为他推荐好友的好友（即社交网络图上沿着边二次跳跃的节点），进而推荐"好友的好友的好友"（网络上三次跳跃的节点），是非常自然的逻辑。

协同过滤矩阵只保留了每个网络中节点的二跳信息，损失了多跳信息和网络的结构信息，因此不适合用于社交网络上的推荐。为了解决这些问题，从事社交网络推荐的研究人员和从事其他类型推荐系统（电商、娱乐）的研究人员在研究路径上分道扬镳。然而，随着学术研究的发展和对数据认知的变化，二者又实现了殊途同归。

由纯粹的用户构成的社交网络，在学术上被称为同构图。与此相对的，图中节点与边的类型不单纯的图被称为异构图。理论上，同构图是异构图的一种特例，大部分推荐场景中的数据都可以用来构建异构图。

根据具体的业务场景，我们可以设定对应的连接边的规则。例如，如果一个用户和一个内容之间发生了正反馈行为（点击、添加购物车、观看视频超过 $5s$ 等比较明显的正反馈信号），就可以连接一条边，于是我们可以得到由用户和内容构成的异构图。

在推荐场景中，这些异构图一般只包含两类节点：用户节点和内容节点，以及几类不同类型的边，如"点击""收藏"。我们将这类异构图称为 UI 异构图，如图 8-4 所示。

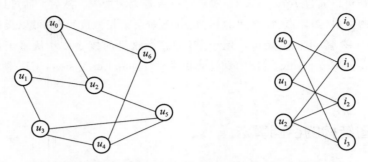

图 8-4　社交网络同构图（左图）和电商 UI 异构图（右图）

UI 异构图能为召回算法带来什么惊喜呢？推荐召回的探索性、惊喜性是召回算法最大的挑战，要突破"信息茧房"，不能漫无边际地推荐与用户兴趣弱相关的内容。在异构图结构上，如果一个用户和一个内容之间由一条不太长的路径连通，那么经验上我们可以理解为该用户和该内容有一定的弱相关性，为该用户推荐该内容的风险不高。相对于只为用户推荐热门内容或强相关内容，惊喜性高一些。

如图 8-5 所示，用户 u_2 和 u_3 都购买了 i_3，因此 u_2 和 u_3 在偏好上可能具有一定的相似性，进而可以把 u_3 买过的 i_4 推荐给 u_2。总的来说，有了图结构的几何约束，推荐的可靠性更强了；有了图结构提供的高阶几何信息（图 8-5 中多次跳转形成的路径约束信息），算法模型对用户、内容的信息表达能力也会相应提升。

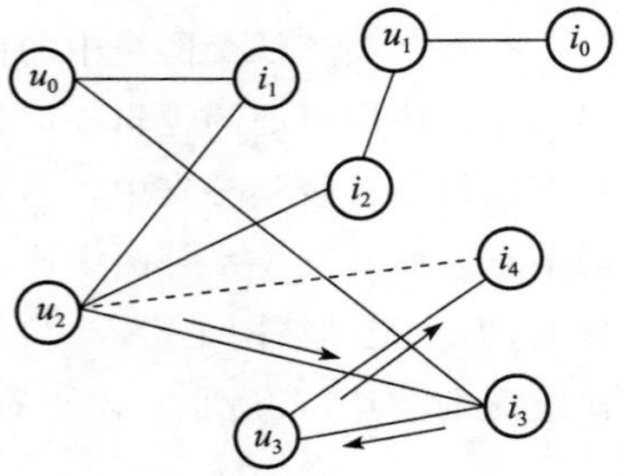

图 8-5　基于图上路径的内容
推荐示意图

8.5.2　Swing I2I 召回算法

Swing I2I 召回算法是一个直接利用 UI 异构图低阶结构信息的统计类方法。在介绍 Swing I2I 方法之前，我们先了解它的上一代图召回算法——Adamic-Adar 算法。

Adamic-Adar 算法从社交网络好友推荐相关算法中衍生而来，它的核心思想很简单，两个人之间的共同好友越多，那么这两个人愿意互相加好友的可能性就越高。Adamic-Adar 算法的形式化定义如下。

$$\text{Score}_{\text{Adamic-Adar}}(u,\ v)=\sum_{i\in T(u)\bigcap T(v)}\frac{1}{\log_2|T(i)|}$$

其中 $T(u)$ 代表 u 的所有邻居的集合，在图论中，$|T(i)|$ 被称为 i 的出度。在这个公式里，被求和项的分母部分是节点 i 的出度，出度越大的节点对最后分数的贡献越小，可以理解为会受到更重的惩罚，这是社交网络推荐里常见的去热手段。

为什么要去热呢？我们可以通过一个例子来理解。如果两个人 A 和 B 同时关注了某个人 C，而关注 C 的人非常多，那么 C 很有可能是一个名人。完全无关的人同时关注同一个名人的概率是很高的，这个时候在 A 和 B 之间互相推荐的逻辑就不太站得住脚了。从通用推荐的角度就可以对这类高出度的节点进行惩罚。在电商异构图上也有类似的例子：基于两个人都买过卫生纸，我们很难得出两个人的消费偏好相似的结论。我们可以通过对热门商品进行惩罚来实现这类噪声的过滤。

虽然 Adamic-Adar 算法在社交网络推荐领域是一个比较成功的有效且简单的方法，但我们直接将其移植到其他类型的推荐系统中会有水土不服的问题。这是因为在异构图上，多跳边的语义关系被大大弱化了。

回顾图 8-5，用户 u_2 购买过商品 i_1 和 i_2，并不代表商品 i_1 和 i_2 一定具备某种相关性。这是因为以购买行为作为构建边的准则，传递的是用户和商品的相关信息，而通过用户构建起来的商品之间的多跳级联语义关系不一定合理。在这个例子中，对于购买过 i_1 但没购买过 i_2 的用户，为其推荐商品 i_2 的转化可能性较低。

从图结构的视角出发，为 i_1 和 i_2 之间的相关性找到更多依据，就是 Swing I2I 算法的切入点，如图 8-6 所示。

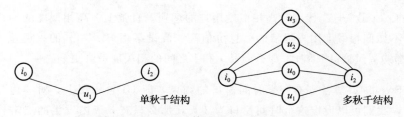

图 8-6　Swing I2I 算法的秋千结构示意图

在一定时间窗口内（例如 7 天内），如果有多个用户同时购买过商品 i_1 和 i_2，那么相对于只有一个用户 u_2 作为传递支点的情况，i_1 和 i_2 之间的相关性在直觉上会显著增高。从几何图结构上看，以内容 i_1 和 i_2 为端点，i_1 和 i_2 与用户之间的边的连接形成了形似秋千的几何结构，这也是 Swing I2I 算法名称的由来。

如果 i_1 和 i_2 之间只保有一副秋千结构，那么 i_1 和 i_2 之间的相互关系就是不稳定的。如果有更多的秋千结构，同时构成了多个四边形结构，那么图结构的稳定性就强化很多了

（三角形结构最稳定，四边形次之）。

Swing I2I 的形式化定义可以写作

$$\text{Score}_{\text{Swing}}(i, j)$$

$$= \sum_{u \in T(i) \bigcap T(j)} \sum_{v \in T(i) \bigcap T(j)} \frac{1}{[|T(u)| + \alpha_1]^\beta [|T(v)| + \alpha_1]^\beta \times (|T(u) \bigcap T(v)| + \alpha_2)} \times \frac{1}{\sqrt{|T(j)|}}$$

其中 α_1、α_2、β 都是超参数，须人工设定。公式的两层求和项的含义就是在计数商品 i 和 j 之间的秋千结构的数量。为了避免热门图节点的影响，我们引入 3 个去热项，对过度活跃的用户、高热商品、高相似度用户进行惩罚。

$[|T(u)| + \alpha_1]^\beta [|T(v)| + \alpha_1]^\beta$ 是对过度活跃的用户进行惩罚。特定交互行为（点击、购买、点赞等，也就是代表图中边的行为）的数量越多的用户越活跃。过度活跃的用户会在多样化的内容之间构建连接，因此经由这类用户构建出来的秋千结构置信度较低。例如，某个用户所有的购物行为都在电商平台完成，且多人共享账号，就会出现既买过足球也买过口红的情况，那么经由这个用户构建出来的，从口红到足球的秋千结构的置信度就较低了，给一个买过足球的普通男性账号推荐口红的点击率不会很高。

$\sqrt{|T(j)|}$ 代表对被打分商品 j 的热度惩罚。邻居个数越多，代表有过交互行为的用户越多，即内容自身的热度越高。高热度内容天然会构建大量秋千结构，导致它与大量的非高热内容相关度偏高，如果不做惩罚，会导致高热内容持续被 I2I 大量召回，形成过度的马太效应。

$|T(u) \bigcap T(v)| + \alpha_2$ 代表对高相似度用户的惩罚。直觉上，高相似度的用户贡献的信息的价值，不如低相似度用户贡献的信息价值高。假设某用户 u 和 v 的兴趣差异较大，但用户 u、v 都购买过商品 i 和 j，那么商品 i 和 j 之间的相关度就会更高。

此外，Swing I2I 算法还有一个时间窗口的约束，即 UI 异构图上，对"边"的时效性约束。例如，我们可以设定这个时间窗口为 3 天，那么只有 3 天内发生的点击行为才可以用于构建这个图。

在用户行为较为稀疏的情况下，UI 异构图会是一个比较稀疏的图，Swing I2I 算法会存在召回量不足的问题。在这种情况下，我们仍可以通过 Adamic-Adar 算法进一步补充召回内容，尽管这样做的置信度较低。

8.5.3 GraphSage 算法

Swing I2I 这类基于领域经验进行结构挖掘的方法有着结果可解释、实现简单等优点，但也有显而易见的缺点。例如，除了秋千结构以外，图上的各种复杂几何结构也可以提供大量的语义信息，却难以通过人工挖掘进行枚举。此外，Swing I2I 方法对长尾内容（在图结构中邻居节点稀少的内容节点）的召回效率较差。与此相对应，用统一、简单的模型对海量数据进行整体建模、自动化捕捉各种复杂模式则是机器学习、深度学习方法的特长。

回顾基于向量的 U2I 召回和 I2I 召回方法，其核心思想就是把现实世界中的实体（用户信息或内容信息）映射到高维向量空间中，用向量来表达实体信息，这类方法被称为嵌入方法或表征学习方法。在这种思想体系下，万物皆可嵌入，图结构也不例外。

在推荐算法场景常见的这类异构图上，如果我们可以将图中的节点都映射到某个高维空间中，同时假设这个空间是一个简单的度量空间（例如欧式空间），我们就可以通过简单的度量方法得到节点与节点之间的相似性。于是，我们又回到了熟悉的领域，即通过用户节点或内容节点的向量表征去召回其他内容节点，来完成 U2I 或 I2I 召回。这种方法对应的机器学习子领域被称为图表征学习。

针对图的表示学习研究领域产出了大量富有价值的工作，例如图神经网络（Graph Neural Network，GNN）、图卷积网络（Graph Convolutional Network，GCN）、DeepWalk 等。结合推荐系统的特点，下面介绍一个比较容易在推荐场景落地的工作——GraphSage。

在正式介绍 GraphSage 之前，我们先了解一下图神经网络的基本概念。所有的图结构都可以表示为 $G=(V,E)$，V 代表节点的集合，E 代表图中边的集合。我们用 H_V 表示所有节点的表征，H_E 代表所有边的表征，这些表征让我们可以在欧氏空间（欧几里得空间）表示原本不在这个空间中的抽象的图结构数据。于是，我们就可以利用它们来进行节点分类，例如预测电商行为图中的商家节点是否有可能存在刷单作弊的行为；进行链接预测，例如预测推荐系统的商品推荐等。图神经网络的学习目标就是学习这些表征以及对应下游任务相关的参数。

绝大多数的图神经网络学习模式可以表示为 $H_v=\mathcal{F}(H_{ne},H_{co},H_v,G)$，其中 H_{ne} 是节点 v 邻居的表征，H_{co} 是与 v 相连的边的表征，G 是图的结构关系（边的表征往往只在知识图谱表征学习的时候使用，在一般的图神经网络领域中，我们一般认为边的类型只有一种，因此边的表征往往被省略）。不难发现，这个公式是一个递归形式的函数，这是因为 H_v 本身既是输入也是输出。同时，在学习 H_v 表征的时候，它的邻居的信息也被纳入进来。

从全局视角来看，这个学习过程实现了信息通过图的边，在节点之间不停传导的过程。这样的建模形式让每个点和邻居点之间都有一定的信息共享。这也符合我们对图结构的认知，即有边相连的邻居节点之间应当是相似或相关的（例如社交网络）。绝大多数图神经网络方法的区别在于定义信息传导函数 $\mathcal{F}(\cdot)$，以及传导函数的学习方式。

在 GraphSage 之前的绝大多数方法都是针对固定的图结构进行设计的，不适合图结构动态更新、变迁的场景，然而绝大多数的推荐场景构建的图结构都是动态变化的。为了让图神经网络方法能够适应变化的图结构，GraphSage 的作者改造了图神经网络的学习方式，由传导式学习变为归纳式学习。

GraphSage 算法的离线训练主要包含神经网络及损失函数定义、聚合函数定义、有监督及无监督的学习模式、节点采样方法 4 个要素。

如图 8-7 所示，GraphSage 算法定义的神经网络算法是一个多层卷积神经网络，从底层向上，每一层网络为每一个节点汇聚的信息范围逐步扩大。直观地理解，底层的网络只负责在每个节点和它的直接邻

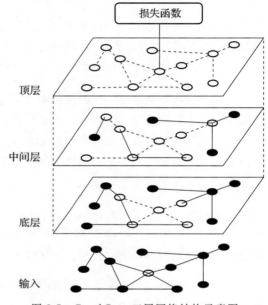

图 8-7　GraphSage 三层网络结构示意图

居节点之间传递信息。而中间层网络则需要统计更宏观视角的信息，把每个节点的邻居的邻居也纳入信息交换的集合。从神经网络的角度来讲，越向上层感知域越大，顶层的节点表征是兼具宏观和微观信息的综合信息表达。整个网络的数学形式化定义如下。

$$h_{T(v)}^{k} = \mathrm{AGGREGATE}_k(\{h_u^{k-1},\ \forall\, u \in T(v)\})$$
$$h_v^k = \sigma[W^k \cdot \mathrm{CONCAT}(h_v^{k-1},\ h_{T(v)}^k)]$$
$$k = 1,\ 2,\ 3,\ \cdots$$

其中，$T(v)$ 代表节点 v 的邻居。k 是网络层数，W^k 是每层网络的卷积核参数，h_v^k 是第 k 层的节点 v 的表征。AGGREGATE 算子代表一个抽象的聚合函数，CONCAT 代表拼接算子。我们可以看到，每一层网络先是对参考节点 v 的上一层的邻居们 $\{h_u^{k-1}\}$ 的表征进行信息聚合，再把得到的聚合信息和上一层 v 的表征接合后，输入卷积和非线性激活函数 σ，得到本层的自己的表征。

在这个网络定义中，聚合函数可以有多种选择，但必须包含两个特点：对称性和表达

性。因为我们所讨论的图结构中的节点并没有顺序的约束，所以对输入节点进行任意的排列组合，聚合函数的输出结果都应该一致，这是函数对称性的含义。

表达性要求聚合函数对于输入所有节点的特性有充分的体现能力。GraphSage 的作者给出了 3 种常规的选择建议。

第一种聚合方式是均值聚合，其形式化定义如下。

$$h_v^k = \sigma \{ W \cdot \text{MEAN}[\{h_v^{k-1}\} \bigcup \{h_u^{k-1}, \ \forall u \in T(v)\}]\}$$

这里对单层网络计算流的定义稍作改造，不是先将 v 的上一层邻居做平均，然后与自身上一层表征拼接卷积，而是将自己的上一层表征和邻居表征放在一起求均值向量，然后进行卷积。GraphSage 算法作者表示这样会让整个模型效果更好。

第二种聚合方式是池化聚合。一个按维最大化池化聚合函数可以定义为如下形式。

$$\text{AGGREGATE}_k^{\text{pool}} = \max[\{\sigma(W_{\text{pool}} h_u^k + b), \ \forall u \in T(v)\}]$$

池化聚合类似均值聚合，去掉了连接操作，将自身表征和邻居一视同仁，一起通过池化函数。这里的池化函数选择最大池化函数。

第三种聚合方式是 LSTM(Long Short Term Memory，长短期记忆)聚合函数。LSTM 是从自然语言处理领域借鉴的方法，是针对自然语言中的语句(词的序列)进行序列化建模的代表性方法。相对于前两种聚合函数定义，LSTM 的复杂度更高，表达能力更强，但并不是完全符合对称性的。因此，在进行训练聚合之前，要对邻居节点进行随机重排列，其形式化定义如下。

$$\text{AGGREGATE}_k^{\text{LSTM}} = \text{LSTM}(h_{u_0}, h_{u_1}, h_{u_2}, \cdots)$$
$$u_0, u_1, u_2, \cdots = \text{Permute}(u), \ u \in T(v)$$

GraphSage 算法可以通过无监督学习的方式学习每个节点的表征，其核心思想就是拉近相似的节点，推远不相似的节点。其中不相似的节点可以通过负采样机制获得，例如在非邻居节点中进行随机采样。无监督损失函数的形式化定义如下。

$$\text{Loss} = -\log_2[\sigma(h_u^T h_v)] - Q \cdot \mathop{\mathbb{E}}_{v_{\text{neg}} \sim P_{\text{neg}}(v)} \log_2[\sigma(-h_u^T h_{v_{\text{neg}}})]$$

其中，Q 代表负样本权重，是一个超参数；$P_{\text{neg}}(v)$ 代表负采样的分布。

另外，GraphSage 算法也可以通过有监督学习的方法进行训练，例如节点分类任务。当每个节点拥有自己特定的类别标签，我们可以简单地采用 Softmax 分类，其形式化定义如下。

$$\text{Loss} = -\sum_{j \in C} y_u \log_2 p_j^u$$

其中，C 代表所有节点的类别，y_u 是 u 的标签属性，p_j^u 是节点 u 的表征 h_u 通过 Softmax 层后对应第 j 个类别的概率。

通常情况下，在推荐召回模块应用图神经网络时，一般采用无监督学习的方式，这是因为对于用户节点和内容节点来讲，我们没有分类的必要，也没有合理的分类标签。

类似大多数神经网络方法，GraphSage 算法也可以通过随机梯度下降算法进行训练。在随机梯度下降的过程中，样本是按照小批样本进行组织的。传统的图神经网络算法需要对一个节点的所有邻居进行计算。图中每个节点的邻居千差万别，在构成小批样本的时候，导致不同批的计算有很大差异。

GraphSage 算法为了获得一个更稳定的训练效率，对训练过程中的样本构造做了一些改造。GraphSage 算法对每个节点周围的邻居进行对齐采样以构造计算量对齐的小批样本。具体地，假设采样数量为 m，对于可采样邻居节点大于、等于 m 的候选邻居集合进行不放回的均匀采样，对于小于 m 的候选集进行放回式的均匀采样。这样，每个小批样本内每个节点的邻居需要参与计算的个数是一致的，那么每个批的运算量也是一致的。这样可以保证训练过程维持一个比较稳定的节奏，尤其是在分布式训练的时候，可以避免数据倾斜造成的计算慢的问题。

关于如何训练 GraphSage 算法的内容结束了，接下来介绍如何将 GraphSage 算法部署到线上进行预测服务。

我们通过训练已经得到了大量用户和内容的向量表征（仅使用多层图网络输出层的表征）。在定义 GraphSage 算法的损失函数的时候，我们采用的也是正则化的点积距离来表达向量之间的相似度。因此，我们同样可以通过计算 $h_u^T h_i$ 来得到用户 u 和内容 i 之间的相似度，并借此构造 UI 相似度矩阵。于是，我们又回到熟悉的领域了，可以根据这个矩阵来为用户推荐内容。同样地，我们也可以通过计算 $h_i^T h_j$ 来得到内容 i 和内容 j 之间的相似度，然后可以根据 I2I 召回的方法召回推荐结果。

在线上进行推荐的时候，我们可能会遇到这样的情况，某个用户是新用户，或者某个内容是新进入内容池的。如果这个用户或内容还没有任何交互历史信息，那么 GraphSage 算法是无能为力的，这就交由新用户承接和新内容冷启动的模块来提供服务。

如果模型是 $T+1$ 更新的，而且这个新用户已经与内容池内的部分内容交互过了，或者这个新内容已经被分发给一些老用户并产生了交互行为，那么即使模型不做重新训练和更新，我们也可以计算这个新内容和新用户的向量表征。

由于这些新节点已经与现存的图结构连接了新的边，我们可以假设这些新节点的底层表征都为零向量，利用 GraphSage 的多层图网络，由新节点的邻居向量信息推导得到新节点的输出层向量，作为近似向量表征。利用这些近似的向量进行召回也可以得到不错的效果，这就是归纳式方法相对于纯粹的传导式方法的优势。

8.6 向量召回的另一面：近似检索算法

在介绍各类向量召回算法的时候，我把问题做了一定的简化，即我们可以根据一个相对静态的相似度矩阵进行推荐。根据这个相似度矩阵进行推荐的离线过程是，在离线通过各种机器学习、深度学习召回算法得到对应的向量后，计算所有用户和内容之间的相似度（I2I 是计算内容之间的相似度）得到相似度矩阵，更新在线数据，根据这个矩阵进行相似内容召回。

假设用户数是 M，内容数是 N，维度是 d，那么计算的复杂度是 $O(MNd)$。如果模型和矩阵都是 $T+1$ 更新，那么这个计算复杂度还可以接受。但是，从追求效率最大化的角度来讲，这样的模式有 3 个巨大的缺陷。

第一，对当天的用户状态、内容状态无感知，对新用户、新内容更是无感知，只能等到下一天模型重新训练、矩阵重新计算。

第二，大量计算量被浪费。以 U2I 为例，我们以这种方式得到了用户和所有内容之间的相似度，但每天用户可以浏览的内容是有限的，假设一个用户一天平均浏览 100 个内容，那么 100 个以外的内容，我们虽然计算了它们的相似度，但是用不上。

第三，即使我们对产出向量的模型做了改造，以适应每天动态变化的用户、内容状态，我们对每个用户、内容变化后的向量计算它们和其他内容的相似度，这一过程也无法在用户一次交互请求的时间内完成。

假如用户一次推荐服务的请求总耗时是 500ms，那么可以留给召回模块计算相似度的时间只有 10～20ms。如果内容池大小是 1 千万，相似度的计算方式是欧氏距离，向量维度是 128，那么在一个常规性能的服务器上进行相似度计算的耗时大概是 200ms。这样的耗时对于当下主流推荐系统来讲是不可接受的，也会对系统的可扩展性造成影响。例如当内容池的内容数量从 1 千万增长到 2 千万的时候，系统性能负担也会成倍增加。

我们在此正式地描述这一问题需求：给定一个用户（或内容）向量，我们需要用某种方法获得与这个向量最近（即最相似）的 k 个向量。在此背景下，我们面临的一个棘手的问题是，有没有方法可以同时实现以下 3 个需求？

☐ 在线服务时在短时间内返回尽可能精确的结果。

☐ 离线处理的时间复杂度远低于 $O(MNd)$。

☐ 可以处理新的用户向量和内容向量。

答案是有的，这类方法在学术界被称为高维向量空间中的最近邻检索算法（Nearest Neighbor Search in High-dimensional Space）。

8.6.1 ENN 向量检索与 ANN 向量检索

高维向量空间中的最近邻检索算法可以分为两大类别：精确最近邻检索（Exact Nearest Neighbor search，ENN）算法和近似最近邻检索（Approximate Nearest Neighbor search，ANN）算法，两类算法的区别在于对返回结果的精度的要求不同。向量检索算法精度的形式化定义如下。

$$\text{Recall}@k = \frac{|N_a \bigcap R_a|}{k}$$

其中 N_a 是节点 a 精确的最近的 k 个邻居，R_a 是节点 a 通过检索算法返回的 k 个邻居。ENN 算法要求 $\text{Recall}@k = 1$，ANN 算法允许 $\text{Recall}@k < 1$。学术界虽然对 ENN 算法有很多研究，但都达不到大规模推荐系统对在线服务检索耗时限制的要求，目前在实践中大规模使用的是 ANN 算法。

ANN 算法框架包含两大部分：离线索引构建算法和在线检索算法。ANN 算法通过离线索引构建算法，对内容池中所有内容的向量进行特定处理，产出被称为"索引"的特殊数据结构。在线上提供服务的时候，ANN 算法通过在线检索算法查询索引，得到所需的 k 个近似的最近邻节点。实践中，向量召回模块的服务框架如图 8-8 所示。

离线部分涉及两大算法模块：向量表征生成模块和向量索引构建模块。

向量表征生成模块的作用是构建索引的内容表征和用户表征。首先，我们会将模型增量学习的训练脚本部署在内容池生成和特征体系生成的数据脚本之后，在模型增量训练后，一方面，我们会将模型参数文件保存下来；另一方面，我们会通过模型前向预测脚本，生成内容池中每一个内容的向量表征。其次，我们会将模型的向量表征文件作为输入，执行向量索引构建脚本，得到向量索引并部署到线上引擎。

这里要注意的是，向量索引的增量更新和全量更新的触发条件和更新模式是完全不同的。

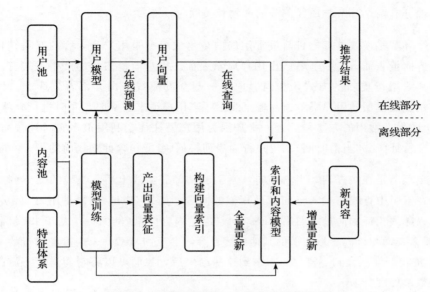

图 8-8　向量检索离线、在线完整服务架构

增量更新一般发生在产出向量表征的算法模型没有发生变化，但有新内容补充进内容池的情况下。这时，新内容的规模往往远小于内容池的规模，采用增量更新的成本更低。而增量更新的流程是，利用向量生成模型的前向预测脚本，生成新内容的向量，并利用向量索引构建算法的增量更新算法，将新内容的向量插入至离线的旧索引，并用插入后的新索引版本替换线上的老版本，使得新内容可以被检索。

全量更新则是根据推荐算法工程师设定的更新周期，运行从特征生成、模型训练到索引构建的全流程。常用的更新周期一般是 $T+1$（每天更新），当整个推荐系统对实时性有更高要求时，可以进行小时级别的更新。与增量更新不同的是，在触发全量更新后，向量表征模型和向量索引都会发生变化。

读者可能会有疑问，如果有增量更新的能力，为什么还需要定期全量更新呢？原因有两方面。一方面，业务数据总在发生变化，用户的行为也在不停地积累，利用更丰富的数据训练得到的模型，其表达能力、泛化能力往往比静态模型更好；另一方面，目前所有的向量索引算法都存在增量退化的现象，即增量更新的数据规模越来越接近原始数据规模时，其增量更新的表现力会弱于全量更新。例如，原始数据规模为 1000 万，我们在原始数据上构建索引，并增量更新至总数据规模为 2000 万，这时的索引检索效果不如用 2000 万的数据重新构建。产生这个问题的原因是数据分布的迁移（类似 Covariate Shift 的效果），增量更新的数据会不断引导总体分布向着某个未知方向迁移。

线上部分有两个环节与离线部分的产物相关联。

第一个环节是在线推理。目前最常用的向量生成模型是用户和内容的双塔结构，一个塔产出内容向量表征，另一个塔产出用户向量表征。用户向量表征的产生方式有两种，一种是类似离线增量更新的方式，和内容向量一起全部离线产出并部署到线上；另一种方式是将向量生成模型的用户塔单独部署至线上，当用户请求到来时，实时进行在线推理（预测）以产出向量。常用的方案是后者，这是因为用户塔往往会利用很多实时性较高的特征，例如上下文特征（比如当前时间）和用户行为序列特征（可能包含此刻之前的当天实时行为）。

第二个环节是在线查询。当离线向量索引成功部署至线上后，在线的部分调用在线检索算法，在索引中查找与 Query 向量最相似的向量。如果 Query 向量是用户向量，则查询与该用户兴趣最相近的向量；如果 Query 向量也是内容向量（例如一些基于 I2I 机制的向量检索），那么查询与该内容最相似的其他内容。算法会返回与 Query 向量最相近的 k 个内容的 ID，并按相似度从大到小排序。在拿到这些结果后，我们可以将它们送给下游的策略和排序模块继续处理。

8.6.2　ANN 向量检索算法的分类及特点

ANN 向量检索算法可以根据基本思想分为两大类：分割主义和连接主义。分割主义方法的主要思想是通过空间切分的方式把向量数据所占据的空间整体切分成小块的子空间，并利用特殊的数据结构对子空间构建索引。连接主义方法的主要思想是把向量空间中的数据节点连接成为一个图。通过特殊的图结构索引实现高速、高精度的检索算法。

ANN 向量检索算法可以根据加速优化方式分为两大类：减少计算次数和加快运算速度。我们把待检索向量称为 Query，索引中的内容称为 doc。经过暴力检索，可以把 Query 和内容池所有的 doc 进行匹配，消耗大量的时间。减少计算次数的方法是通过减少 Query 和 doc 的计算次数，即仅将 Query 与部分 doc（以某种方式筛选出来）进行匹配，得到比较精确的结果。加快运算速度的方法则是通过某种方式让一次距离运算的速度大大加快。这种方法不能减少距离计算的次数，仍然存在计算浪费。因此，有时会将这两种方法结合在一起，进一步提升效率，当然，这也需要承受两种近似方法叠加带来的精度损失。

ANN 向量检索算法可以根据索引数据结构分为四类：基于哈希算法、基于树状结构、基于矢量量化和基于图结构。

基于哈希算法的方法通过构造哈希函数将大量的数据分散到不同的哈希桶中。这类方法可以实现极高的查询速度，但由于其检索精度无法达到大规模数据检索的精度下限要求，在实际中很少有应用。

　　基于树状结构的方法的核心思想是分而治之，即根据特定规则，通过递归方法将数据分为越来越小的子集，逐步构建一个树状结构。查询时，我们可以用深度优先算法（Depth First Search，DFS）或者其改编版本，快速查询其中最有可能包含最近邻的几个子集，借此大大减少匹配次数，以实现加速查询的目的。

　　基于矢量量化的方法通过将原始高维向量量化为二进制数据串来加速距离计算。有的方法将二进制的汉明距离代替原始的距离；有的方法通过改造原始距离计算的方式，减少算术指令的执行次数，极大加快了计算速度。

　　基于图结构的方法，通过构造合理的图结构，可以大大缩小图上任意两点之间的拓扑距离（在图上沿边游走的步数），实现从任意起点快速寻路，逐步逼近目标最近邻点的效果，从而加快计算速度。

8.6.3　HC 检索算法

　　HC（Hierarchical Clustering，层次化聚类）检索算法属于分割主义算法，是基于树结构、通过减少计算次数来加速检索的算法。HC 检索算法的索引构建算法是基于 K-means 聚类算法进行改造的 ANN 算法，下面简要介绍 K-means 聚类算法。

　　通过人工构造或机器学习算法得到的高维向量数据是存在一定内部结构的，高维向量空间的聚类算法要解决的问题是如何发掘数据内在的结构，根据数据结构信息将数据划分为不同的类别。

　　如果我们通过向量表征学习算法得到高质量的内容向量，那么在对应的度量空间中，这些向量一定会呈现出良好的拓扑结构。例如，内容 A 和内容 B 相似，那么它们的向量的空间距离会接近。反之，内容 A 和内容 B 不相似，其向量之间的空间距离会较远。大量相似的内容彼此贴近构成向量的团块，而不相似的内容分别隶属于彼此疏远的团块，这就是聚类效应。K-means 算法是识别并挖掘高维向量空间中数据聚类信息的一种无监督学习算法，它的形式化表达如下。

$$\text{Loss} = \min_{x_i \in X} \mathbb{E}\left[\| \boldsymbol{x}_i - c^K(\boldsymbol{x}_i) \|^2\right]$$

　　其中，$\boldsymbol{x}_i$ 代表 X 数据集中第 i 个数据的向量，K 代表需要聚出的类别数，$c^K(\boldsymbol{x}_i)$ 是一个查表函数，返回的是距离 $\boldsymbol{x}_i$ 最近的某个聚类的均值点。$\boldsymbol{x}_i$ 从属于该均值点所代表的类别。

　　K-means 算法是一个非凸优化问题，我们可以通过 EM（Expectation-Maximization）算法对其迭代求解。具体步骤如下。

1）随机初始化 K 个均值点向量。

2）对 X 中每个点x_i，计算距离x_i 最近的均值点，并将x_i 归类。

3）重新计算 K 个均值点，每个均值点 $c_j = \dfrac{\displaystyle\sum_{x_i \in \mathrm{Class}_j} x_i}{|\mathrm{Class}_j|}$。$\mathrm{Class}_j$ 代表第 j 个类别的集合。

4）跳转至第 2 步，重复至迭代次数上限或损失值小于某特定值。

K-means 算法在聚类的同时，形成了对空间的一种切分。HC 算法通过 K-means 算法对空间进行层层切分来构建树状索引，效果如图 8-9 所示。

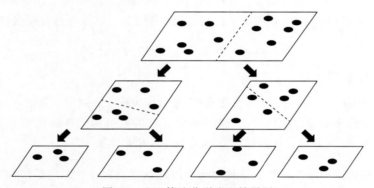

图 8-9　HC算法分裂流程效果图

举个简单的例子，我们要通过 HC 算法把数据切成 4 份，不是直接聚类成 4 个，而是分成两层，每层聚成两类，形成树状结构。在树中的非叶子节点上，把聚类得到的两个聚类中心（均值点向量）与对应的子节点结构保存在一起；当分裂到达了叶子节点时，我们把当前聚类的所有信息保存在对应的叶子节点中，即把类内所有向量的 ID 与聚类中心与叶子节点保存在同一个数据结构中。总的来说，HC 得到的树里，非叶子节点只保存聚类中心，叶子节点保存真实的数据和对应的聚类中心。

HC 的在线检索算法的本质是 DFS 算法。DFS 算法不断递归访问子节点，直到到达叶子节点，而在 HC 算法中，有时候访问到达叶子节点所获取的数据不够，那么还需要回溯到次优的叶子节点进行补充，如图 8-10 所示。

HC 的在线检索算法步骤如下。

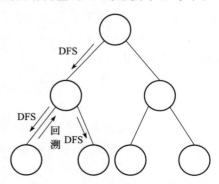

图 8-10　HC算法的在线检索算法
步骤与示意图

1）把当前节点压入堆栈。

2）计算 Query 与当前子节点聚类中心的距离。

3）找到距离最小的子节点，继续访问。

4）重复1），直到到达叶子节点。

5）如果叶子节点中保存的数据不足 k 个，从堆栈中弹出当前节点，得到栈顶节点的未访问叶子节点，重复1）。否则，返回 k 个结果。

总的来说，HC 算法有如下优点。

- 算法简单易实现。
- 索引数据结构较小。
- 对于数百万规模的数据而言，检索速度快，精度高。

HC 算法也有如下缺点。

- 不能适应更大规模的数据。
- 对于增量更新的数据，容易出现叶子节点数据数量倾斜，即单节点数据膨胀的问题。
- 树高、每层子节点分裂数需要根据人工经验进行调节。

8.6.4 IVF-PQ 检索算法与 Faiss

随着实际场景中数据量的扩大，我们不得不寻找更高效的算法。除了减少计算次数的方法外，还有一种思路是加快距离运算的速度，如积量化（Product Quantization，PQ）算法。积量化算法也是从 K-means 算法中衍生出来的算法。

K-means 算法曾经被应用至基于矢量量化（Vector Quantization，VQ）的数据压缩领域。假设有 10 000 个向量数据，我们希望对其进行有损数据压缩（允许信息损失的一种信息压缩方式）来减小数据的体积，且尽可能地保留原始数据的信息。一种思路是进行聚类，用聚类中心来代表原始数据。

我们将 10 000 个向量聚为 100 类，就会得到 100 个聚类中心，每个中心用来代表 100 个原始数据点。具体的压缩过程是，每个聚类中的 100 个向量数据被替换为聚类中心向量，数据量因此被压缩为原来的 1/100。被压缩后的这 100 个数据变为同一个向量，彼此之间就没有了区分度，这就是压缩信息损失。为了减小压缩带来的损失，我们可以将向量聚成 1000 类，那么每个中心仅代表 10 个点，直觉上量化带来的误差就会大大减小。但是，压缩率也同样减小了，因为数据量只被压缩为原来的 1/10。我们可以形式化地定义 K-means 矢量量化数据压缩误差如下。

$$\text{Error} = \sum_{x_i \in X} \| \, \boldsymbol{x}_i - c^K(\boldsymbol{x}_i) \, \|^2$$

不难发现，这与 K-means 算法的损失函数极为相似。显然，增加聚类数是可以减小压缩误差的。矢量量化后的结果可以用来加速距离计算。例如，我们有 10 000 个向量数据点，我们将其聚为 100 类。既然这 100 个聚类中心代表原来的 10 000 个点，那么任意待检索点（Query）与这 10 000 个点的距离，也可以被 Query 与这 100 个中心的距离近似代表。因此，我们只须计算 Query 与这 100 个聚类中心的距离，就可以得到它与 10 000 个点之间的近似距离，而计算次数变为 100 次，是原来的 1/100。基于矢量量化的近似距离计算的效果如图 8-11 所示。

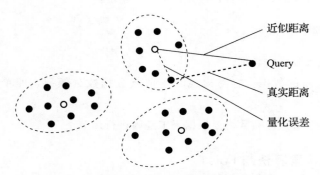

图 8-11   基于矢量量化的近似距离计算示意图

在图 8-11 中，近似距离、真实距离、量化误差之间满足三角不等式关系。近似距离不会超过真实距离和量化误差的和。因此，量化误差决定了近似距离的近似效果。根据前面的结论，矢量量化方法的量化误差与聚类中心的数量有关，随聚类中心数量增多而减小。但是，聚类中心越多，要进行近似计算的次数也就越多，聚类时间的消耗也会越大。那么针对超大规模的数据，是否存在一种量化方法，不需要聚类得到太多的聚类中心，也可以拥有较小的量化误差？

在这个背景下，PQ 算法应运而生，如图 8-12 所示。图中的原始数据包含 10 个八维向量。我们沿着维度方向先将数据等切为 4 份，每份是 10 个二维向量。接着，我们在每一份二维向量上进行 K-means 聚类。假设聚为两类，我们得到了 4 组聚类中心，每组 2 个二维聚类中心。我们把每一组聚类中心称为一个码表（Codebook）。从压缩率上看，4 组码表数据所占空间，与 2 个八维向量相当。也就是说，4 组码表的压缩率与在八维空间中直接把原始数据聚维两类的效果相当。

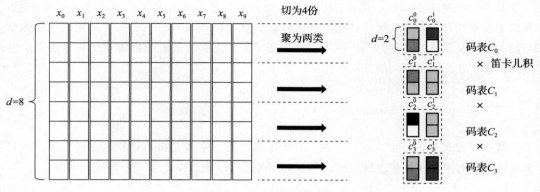

图 8-12　PQ 算法的简单示例

从表达能力来看，4 组码表之间可以互相以笛卡儿积组合的方式，增加实际的聚类中心数量。例如，$\{c_0^0, c_1^0, c_2^1, c_3^1\}$ 是一种构造聚类中心的组合方式，$\{c_0^1, c_1^0, c_2^0, c_3^1\}$ 是另一种构造聚类中心的组合方式，总共可以枚举 $2\times2\times2\times2=16$ 种。

如图 8-12 所示，原始数据中的任意 x_i 都可以通过以下方式找到使量化误差最小化的编码方式（即寻找使量化误差最小的聚类中心）。具体地，把任意原始数据 x_i 也按维度方向切为二维一组的 4 份，即 $x_i = \mathrm{CONCAT}\{x_i^0, x_i^1, x_i^2, x_i^3\}$。对于 x_i 中的一份，例如 x_i^0（x_i 向量的前两维），我们从对应的码表中找到距离 x_i^0 最近的聚类中心，比如 c_0^1，用于替换 x_i^0。接着，我们对 x_i 中的每一份都执行这一替换操作，就实现了 $x_i \approx \mathrm{CONCAT}(c_0^1, c_1^0, c_2^0, c_3^1)$。

在图 8-12 的设定下，PQ 算法理论上的量化效果与直接在原始八维空间聚类成 16 类的矢量量化效果相当，而 PQ 算法的压缩率与直接在原始八维空间聚类成两类的矢量量化效果相当。因此，在同等压缩率的情况下，PQ 算法的量化误差相对于矢量量化大大减少。

到这里，我们仅介绍了 PQ 如何做量化，为了加速距离计算，还需要对数据做进一步的处理。首先，我们把所有的原始数据都表示成由码表中心构成的重构向量，以 $x_i \approx \mathrm{CONCAT}(c_0^1, c_1^0, c_2^0, c_3^1)$ 为例，其中 $\mathrm{CONCAT}(c_0^1, c_1^0, c_2^0, c_3^1)$ 就是 x_0 由码表重构得到的重构向量。

更进一步地，由于码表中的聚类中心是有限的，我们可以用二进制为码表编码。假设 c_0^0 用 0 来编号、c_0^1 用 1 编号，其他码表也以此类推，即用二进制的 1 位来为聚类中心编号。接着我们按从左到右的顺序，以二进制码替换码表中心的符号，就可以得到 $x_i \approx \mathrm{CONCAT}(c_0^1, c_1^0, c_2^0, c_3^1) \to 1001$，因此二进制串 1001 就代表了 x_i。其他的原始数据以此类推，我们就得到了原始数据的所有二进制编码表示。

有了二进制编码表示，就不需要存储原始数据集了。那么对于任意一个 Query 向量，我们怎么查找它的最近邻呢？这里要解决的问题是如何计算 Query 和二进制化的重构数据之间的距离。在这里，我们先声明一点，利用 PQ 算法加速最近邻检索，仅对基于欧氏空间的检索生效。欧式距离的计算公式可以写作

$$\text{distance}_{l2}(\boldsymbol{x}, \boldsymbol{y}) = \|\boldsymbol{x} - \boldsymbol{y}\|^2 = \sum_{i=0}^{d} (a_i - b_i)^2$$

其中 d 是向量的维度。不难发现，欧氏距离计算的本质是按位计算后求和，那么可以分组计算。如果将维度按二维分组，那么上述公式可以重写作

$$\text{distance}_{l2}(\boldsymbol{x}, \boldsymbol{y}) = \|x_{0\sim1} - y_{0\sim1}\|^2 + \|x_{2\sim3} - y_{2\sim3}\|^2 + \cdots + \|x_{(d-1)\sim d} - y_{(d-1)\sim d}\|^2$$

其中，$x_{(d-1)\sim d}$ 代表从第 $d-1$ 维到 d 维的子向量。假设 $\boldsymbol{x}$ 是数据库中原始向量，$\boldsymbol{y}$ 是 Query 向量，那么这个公式还是在利用真实数据进行计算距离。向量 $\boldsymbol{x}$ 按 PQ 的量化算法可以近似得到重构向量 c_x。那么 $\text{distance}_{l2}(\boldsymbol{x}, \boldsymbol{y})$ 可以近似地用 $\text{distance}_{l2}(\boldsymbol{c_x}, \boldsymbol{y})$ 代替，其中假设 $c_x = \text{CONCAT}(c_0^1, c_1^0, c_2^0, c_3^1)$ 为重构向量。上述公式就可以写作

$$\text{distance}_{l2}(\boldsymbol{x}, \boldsymbol{y}) \approx \text{distance}_{l2}(\boldsymbol{c_x}, \boldsymbol{y})$$
$$= \|c_0^1 - y_{0\sim1}\|^2 + \|c_1^0 - y_{2\sim3}\|^2 + \|c_2^0 - y_{4\sim5}\|^2 + \|c_3^1 - y_{6\sim7}\|^2$$

在公式中，$\boldsymbol{y}$ 的子向量和各个码表中心的距离和，就是我们要求的近似距离。由于码表的中心数量有限，相对于整个数据集（数千万以上）的大小可以忽略不计，因此可以将 $\boldsymbol{y}$ 的子向量和所有对应维度的码表中心的距离都提前计算并存储，那么原来的求差、求平方、再求和的欧氏距离运算，就可以被简化为查表加求和的运算。

在上例中，八维向量的平方和计算需要 8 次减法、8 次乘法、7 次加法操作。而用 PQ 的近似距离计算方法，就简化为 4 次查表和 3 次加法操作。计算速度大大提升，在实践中，这个加速效果会更明显（一般实践中的向量维度不低于 128 维）。

实践中，仅加速距离计算可能还达不到我们的诉求。假设在实际场景中，距离计算可以加速 40 倍，那么计算 1 千万次近似距离的速度相当于计算 25 万次真实距离的速度，这还是不够快。于是 PQ 算法的作者提出了 IVFPQ 算法（IVF 算法和 PQ 算法的复合算法）。IVF(Inverted File)是倒排索引的意思，其本质也是通过 K-means 算法聚类得到聚类中心，然后用聚类中心作为倒排索引的 key 构建倒排表。

IVFPQ 算法将 IVF 索引作为一级索引，PQ 作为二级索引。在查询时，先查询 IVF 索引，以得到一个候选近邻的子集，避免在全集进行 PQ 近似距离计算。在得到子集后，再

用 Query 与子集中的数据进行近似距离计算并排序，得到最终的结果。为了提升两级索引算法的精度，作者还利用了残差技巧，在二级索引 PQ 对数据集进行近似时，并不是对原始向量 X 中的向量进行近似，而是对 X 中的向量与一级索引的 key 的残差进行近似。在线、离线流程如图 8-13 所示。

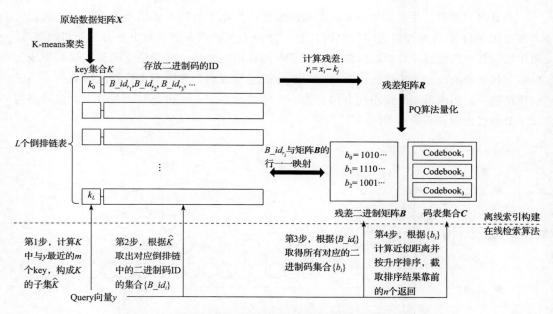

图 8-13　IVFPQ 算法离线索引构建和在线检索算法示意图

总的来说，IVFPQ 算法的优点如下。

❑ 针对千万规模数据集有较好的表现。
❑ 索引结构很小，不需要将原始向量数据载入内存。

IVFPQ 算法的缺点如下。

❑ 由于量化误差的限制，检索精度有天然上限，到达精度上限后，无法继续提升精度。
❑ 对于数亿规模的数据的检索精度上限较低，不能达到生产实践的需求。例如，笔者在一亿规模 96 维的深度网络产生的向量数据上测试，IVFPQ 的 Recall@100 上限是 90%，而实践要求一般要达到 95% 以上。

IVFPQ 算法已经被集成至 Facebook 开源近似检索工具库 Faiss。同时，Faiss 中还集成了大量开源 ANN 检索算法。

8.6.5 SSG 检索算法

前文介绍的 HC 算法和 IVFPQ 算法都属于分割主义的算法，都是利用 K-means 聚类方法对空间切割来构建索引或近似表示数据。

大量研究表明，分割主义的方法在超高维度的数据上的检索效果会大大衰弱。我们可以通过图 8-14 来直观理解衰弱的原因。图 8-14 中点 a 和点 b 是空间中互为最近邻的两点。图中的数据空间经过 HC 算法的分割形成了左图方格的格局。虚线是空间切割线，虚线上的数字代表分割线是 HC 算法第几次树节点分裂所形成的。右图是 HC 算法构建的 4 层索引树结构，左图中每一个最小的方格代表一个叶子节点。点 a 和点 b 所在的小方格对应的叶子节点已由带箭头折线指出。

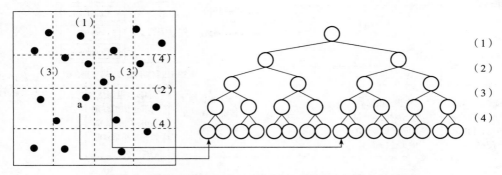

图 8-14   以 HC 算法为例，二维空间下维度诅咒效应示意图

我们可以直观地看到，a 和 b 明明是空间中互相距离最近的点，但在右图的树结构中分别位于两棵关系疏远的子树中。如果用 HC 算法的 DFS 检索算法对 a 的邻居进行检索，要经过多次回溯，遍历半数叶子节点才可以找到 b。

这还仅仅是二维空间的情况，在几何学中，高维欧式空间有一个现象，任意多面体中均匀分布的点，有更大概率分布在靠近多面体的超平面或超平面构成的"墙角"附近。同时，在高维空间中，多面体的面和角的数量急剧增长，类似 a 和 b 这种"对角"相隔的近邻点会越来越多。距离相近，在索引结构中却隔着"万水千山"的情况会随着维度升高而越来越严重，这一现象在近邻检索理论中被称为维度诅咒。

目前维度诅咒是无法破解的，但最近的研究表明，基于连接主义（图结构）的 ANN 方法相对于分割主义方法，能够大大缓解维度诅咒。基于图结构的方法的核心思想是利用某种规则把空间中的点连接成图结构，然后利用类似 Dijkstra 算法的图上贪婪游走算法进行检索。为了方便理解，下面介绍如何在图结构上进行检索，流程如图 8-15 所示。

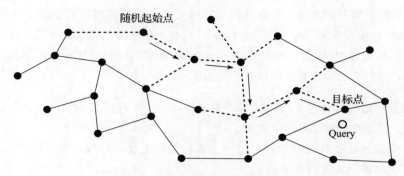

图 8-15 图结构上检索算法示例

为了让问题更具通用性、一般性，我们假设被检索点（Query）不在图中，即 Query 是一个未知点。Query 的最近邻，即目标点，已在图上标出。在图结构上检索时，由于一开始不知道目标的位置，我们通常会在全集上随机选择一个起始点开始游走。每经过一个点，我们都会检查与当前点之间有边相连的所有其他点（称为邻居），找到邻居中距离 Query 最近的那个点，移动到该邻居上进行下一次迭代，如此循环直到我们找到目标点。图 8-15 中虚线连接的点，是这个例子中参与了检索运算的邻居（即与 Query 进行过距离计算的点）。多个箭头连续标记出的路径代表算法经过的路径。

不难发现，基于图结构的检索算法的效率在于两个要素：图的平均出度（图中每个点的平均邻居个数）和起始点到目标点之间的路径长度。

这两个要素与如何设计图结构密切相关。那么，如何才能让图的出度与路径长度都尽可能小呢？我们都知道，卫星群相互之间通过间隔一定的距离和角度，就能实现地球上空的高效覆盖以及卫星之间高效的信息传递。我模仿这一模式，为高维向量空间中的数据点设计了一种图结构算法，称为仿卫星系图算法（Satellite System Graph，SSG）。

真实空间中的点分布是很不均匀的，假设点 b～点 h 距离点 a 是越来越远的。SSG 要求一个点周围的有向边彼此构成的角度不能小于某个既定值 α。我们按照从近到远的方式去连接边，首先 a 和 b 之间的距离最近，因此它们之间的边可以直接连接。接着我们在连接 ac 的时候发现 $\angle bac > \alpha$，因此 ac 之间的边成立。其他的边的连接以此类推。当我们准备连接 af 时，由于 $\angle baf < \alpha$，因此 af 之间不能连接。最终得到 a 周围的连接效果如图 8-16 所示，af、ag 之间的边不能连接。

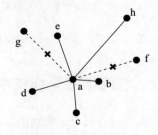

图 8-16 SSG 算法选边操作示意图

SSG 构图时，需要得到每一个点周围的远近关系，即需要在原始数据上先构建一个 K 近邻图（为每个点保存它的 Top K 近邻的 ID），这会十分耗时。在实践中，我们发现使用较高精度的近似 K 近邻图（例如 90% 精度的 K 近邻图）也可以得到与精确 K 近邻图几乎一致的效率，于是，SSG 索引构建算法可以表达为如下流程。

1）利用其他近似检索算法（例如 IVFPQ）辅助构建一个近似 K 近邻图。为保证整体构建索引的时间，可以在精度上做一定取舍。

2）基于得到的近似 K 近邻图，对每个点进行邻居扩展，即取得该点邻居的 ID 后，再次查询 K 近邻图得到邻居的邻居的 ID。

3）基于邻居点与邻居的邻居点，对每个点都进行选边操作。

4）将每个点的邻居截断为 R 个，保证存储效率。

上述步骤中得到的 SSG 图，可以被存储为 $N \times R$ 大小的二维数组（也可理解为矩阵），矩阵的每一行是每个点图上邻居的 ID。在线服务时，就可以用图 8-15 所示贪婪算法进行检索。实验证明，针对不同的数据集，都可以设置 $\alpha = 60°$，使得检索效率最高。

总的来说，基于图结构的方法的优点如下。

❑ 这类算法有着目前最高的检索效率，即更短的时间获得更精确的结果。

❑ 这类算法对维度的升高不敏感。维度越高，基于图结构的算法相对于分割主义方法的优势越大。

❑ 对数据分布不敏感，不同的数据分布可以使用相同的超参数组合。

❑ 这类方法可以在超大规模数据集（数亿规模）上实现较高的检索效率，原因是这类方法的检索算法的时间复杂度受数据规模增长的影响较小。

基于图结构的方法的缺点如下。

❑ 索引结构相对更大，内存需求更大。

❑ 构建索引所需时间更长。

在实践中，读者可以根据数据规模和算法特点自行选择 ANN 算法。

8.7　召回中的采样技术

我们设计的召回模块的效率取决于我们是否充分理解了召回模块的核心优化目标。召回技术的核心思想是从海量的内容池全集内，筛选出小部分与用户兴趣匹配度最高的内容。然而，召回算法建模中的核心难点源于数据规模。

召回技术从矩阵补全时代跨入深度学习时代后，我们不再需要对整个矩阵中的数值进行预测，训练模式也变为对正负样本的拟合。Neural CF 通过这种方式获得了表达能力的大幅提升，但也继承了深度学习的一些缺陷——对训练数据容易过拟合。因此，为了保证召回模型拥有基本的泛化性，不去过拟合到错误的分布上，我们需要做的是让训练数据集的数据分布尽可能接近用户兴趣的真实分布。

理论上，用户兴趣的真实分布只有通过充分的用户交互才可以获得，例如让用户从所有他喜欢的内容中进行选择，但这种情况是不现实的，主要原因如下。

- ❑ 用户与系统交互的时间有限，没有人会把大量的时间花费在同一个 App 上。
- ❑ 用户对自己兴趣的判断可能不准，以及系统的交互模式限制导致用户不能给出准确的正负反馈。例如曝光给用户但没被点击的内容不代表用户真的不喜欢，用户只是在彼时彼刻对比了看到的几个内容后点击了更喜欢的一个。

一方面，我们难以获得用户的真实兴趣分布。另一方面，即使可以获得，我们也无法用如此大规模的样本去训练模型。举个例子，一个用户可能只喜欢内容池中不到千分之一的内容。假设内容池内有 10 000 000 个内容，理论上正样本数是 10 000，负样本数是 9 990 000。我们无法每天用这样规模的样本去为每个用户训练模型。在目前主流的推荐系统里，我们采用的技术便是负采样。负采样的目的，是大幅减少负样本数量，同时可以尽可能接近用户的真实兴趣分布。

召回负采样技术包含两个部分，简单负样本采样和困难负样本采样。简单负样本采样指的是选出用户一定不喜欢的内容，让它们作为负样本出现。常用的简单负样本采样方法是在内容池中均匀随机采样，这种负采样技术适合较新的推荐场景。

困难负样本采样是配合简单负采样同时使用的技术。召回算法建模的方式是对样本进行二分类，而从机器学习的动力学上看，也可以理解为拉近正样本中用户和内容的度量距离，把负样本的内容从用户身边推走。内容距离用户的远近也代表了用户的喜欢程度。那么负样本中的内容就存在比较不喜欢和很不喜欢的区别。

困难负样本采样就是筛选用户比较不喜欢的内容并构成负样本。一个常用的技巧是，在推荐系统中，召回筛选出来的内容，有一部分会被排序模块截断丢弃。排序模块重新排序并发送给用户的内容，排序靠后的内容也不一定会被用户看见。

我们可以通过系统日志抓取这部分内容，并在其中进行随机采样作为困难负样本。同时，在剩下的未被召回的内容中随机筛选样本作为简单负样本。我们把正样本、简单负样本、困难负样本按比例混合，用于训练召回算法模型。这个比例可以通过人工调参和线上实验进行调节。

第 **9** 章

业务驱动视角下的排序技术

排序模块是除了召回模块以外,推荐系统的另一个核心模块,它的主要目标可以概括为留住用户。在推荐系统的场景下,业务驱动思维方式的本质是从用户价值出发,主导系统的设计和算法的优化。在有限的时间内,从与用户的第一次交互开始就抓住用户,使其产生持续交互的需求,并在后续的交互过程中持续满足用户多元化的需求。这要求我们必须掌控内容向用户展示的顺序,这就是排序模块的业务价值。

召回模块追求的是短时间内对大规模内容进行筛选,因此它不能利用复杂的特征体系和模型结构。但当系统的"漏斗"来到排序模块,候选内容只剩下几千或几百个,排序模块就可以充分利用庞大的特征体系以及深度学习领域先进的技术来对候选内容进行"精选",并确定向用户展示的顺序。

9.1 排序模块概览

经过多年的发展,排序模块经历了由简到繁、由粗到细、技术裂变的过程。本节主要介绍推荐系统排序模块的历史沿革及核心组件的业务定位。

9.1.1 排序模块的业务价值

排序模块作为推荐系统的一环,与召回一样肩负着相关性、多样性等用户体验优化的诉求。作为与用户直接交互的模块,排序模块的效率决定了推荐系统的效率。在推荐系统的生态循环中,排序模块作为召回模块的下游,负责将正确的内容发送给对的用户。如果说召回模块是生态循环的大动脉,那么排序模块的作用就类似毛细血管,负责完成内容的个性化精准分流,以及进一步对内容进行优胜劣汰。

9.1.2　业务驱动下的排序模块组件

排序模块要为用户确定唯一的内容顺序，早期的排序模块主要包含两个职责，其一是多路召回的融合，其二是按用户喜好的排序。

由于资源和算法能力的限制，我们目前无法得到一个全能的召回模型，因此在主流推荐系统中，往往会设计多路召回，在能力上互补。每一路召回都会为召回的结果评分，但这个评分在多路召回之间是不可比的。排序模块就是要利用统一的特征体系和模型，将多路召回的内容拉到统一的对比框架下排序。

随着特征工程的不断进步，我们可以利用不断丰富的特征体系对用户与内容分别进行更细致、全面的建模。然而，由于计算资源的限制，用全量特征对召回结果全部排序可能会消耗较多的时间。例如，对交叉特征、序列特征进行建模，是目前推荐算法模型中最耗时的部分。因此，排序模块第一次发生了裂变，分解为粗排与精排两个串联的算法模块。粗排模块使用简化的特征体系，融合多路召回进行粗排序并截断，精排模块使用全量特征体系，对粗排结果中靠前的部分子集进行精细排序。

随着业务诉求的复杂化，排序结果不再只有唯一的排序准则。例如，在某种排序准则下，用户体验是最优的；在另一种排序准则下，平台商业价值是最大化的。平衡用户体验和平台商业价值，使二者都可受益，是业务对排序模块更高的要求。在更高的要求下，排序模块开始应用多目标（或多任务）学习算法。当精排模型输出对同一个内容，在不同准则下的不同打分时，如何平衡多个目标，以实现系统整体业务价值最大化，就成为排序模块进一步裂变的诱因。由此，重排模块应运而生。

当前主流的排序模块结构如图 9-1 所示。

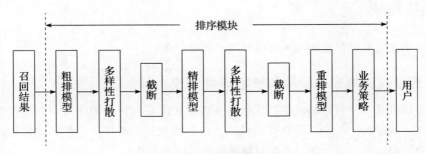

图 9-1　主流排序模块结构图

召回模块会将多路召回的结果融合、打分、截断，输送给下游的排序模块。排序模块接收到的内容数量一般在数千至 1 万的量级。由于计算资源的限制，我们增加了一个粗排（学术界一般称为 Pre-rank）模块，粗排模型的任务是用比较简单的模型结构和特征体系，对召回结果进行快速打分，并截断、筛选出质量更好的少量内容。同样出于多样性的考虑，我们需要对粗排透出的结果先打散再截断。

粗排截断后的内容数量一般在几百至 1 千的量级。这部分内容会通过精排模型（Rank Model）打分，并进一步打散、截断到几十个。在一般的推荐服务中，一次请求返回数十个内容的规模是比较合理的，客户端会有充足的时间根据排序模块提供的内容 ID 获取内容相关的信息（例如封面图链接、标题等），完成渲染并向用户呈现。

在某些情况下，精排后面可能还会接入一层重排模型（Rerank Model）。精排模型往往是根据某种可量化的打分体系进行单点贪婪式的排序，但有的时候分数高的不一定非要靠前。例如，某用户的主兴趣是篮球，篮球相关的内容打分普遍远高于搞笑内容，按照单一标准排序，仍然会造成内容扎堆。除了用人为打散的方式排序，学术界还认为可以用机器学习的方式建模兴趣的多样性。除此之外，还有惊喜性、疲劳度等列表维度的综合指标可以纳入考察范围。这些问题可以通过重排的技术方案解决。

然而，精排、重排的分裂不是必须的，需要视场景需求而定。在比较简单、规模较小、用户行为不丰富的场景，可能只需要一个排序模型。

最后的业务策略层是体现运营意志的地方，因此被放在了最后。从召回到排序这条链路仅仅是推荐系统分发机制的主循环，其他循环机制（例如冷启动、分层爬坡、定坑插入）需要在最后对结果的顺序进行干预。用户看到的，是融合了算法意志和人工意志的综合结果。

9.2　粗排模块

本节主要介绍粗排模块的业务价值和技术历史沿革。

9.2.1　粗排模块的业务价值和技术思考变迁

粗排与精排技术分裂的前提是召回数量变大，在限定时间内无法直接利用复杂的特征体系得到排序的结果。在推荐场景日渐成熟、内容池规模不断扩大、系统整体效率遇到瓶颈而计算资源仍有限的情况下，粗排与精排的分裂成为必然。

召回模块更在乎用户感兴趣内容的召回率，即用户感兴趣内容的数量占召回返回结果数量的比例。这是因为当下主流的深度召回算法模型是建模采样得到的用户兴趣的近似分布，而不是建模用户兴趣的真实分布。计算资源有限，我们不会对所有内容进行打分。算法表达能力有限，即使能够得到用户兴趣的真实分布，模型也不一定能够建模。

实践经验表明，扩大召回的规模往往可以提升用户感兴趣内容的召回数量。例如，假设一个召回算法的召回率稳定在 10%，那么召回将返回结果数量截断到 100 个时，用户感兴趣内容的数量平均为 10 个。如果我们扩大召回量，截断到 200 个，用户感兴趣内容的平均数会变为 20 个。由于召回算法的召回率一般不高，扩大召回规模通常会为下游送去更多用户不感兴趣的内容。为了维护系统整体的效率，我们需要一个粗排模型来进一步快速过滤用户不喜欢的内容。

9.2.2　粗排算法选型原则

从 9.2.1 节中的内容我们可以归纳如下要点。

- 模型表达能力（也可以理解为正样本预测准确率）介于召回模型和粗排模型之间。
- 算法模型的运行速度（也称为前向推理速度）可以比召回模型慢一些，但一定要比精排模型快很多。
- 可以在召回结果上进行全排序，不需要 ANN 检索算法，可以在更复杂的度量空间中建模。

基于以上要点，粗排模型的选型原则为可以使用适度复杂的模型结构、可以使用适度复杂的度量空间，以及可以使用适度复杂的特征体系。

9.2.3　GBDT 算法

GBDT（Gradient Boosting Decision Tree，梯度提升决策树）算法符合粗排算法的选型原则，在简单推荐场景下足以独立撑起排序模块，也很适合复杂排序模块的粗排部分。GBDT 算法包含两个部分，一个是决策树，另一个是梯度提升。为了更好地理解 GBDT 算法，下面分别介绍决策树算法和梯度提升算法。

决策树算法是机器学习领域的经典算法。传统的决策树算法例如 ID3（Iterative Dichotomiser 3）算法、C4.5 算法，有着只适合处理分类问题，不适合处理回归问题等缺点。下面介绍既可以处理分类问题也可以处理回归问题的 CART 决策树（Classification And Regression Tree）算法。

绝大多数实用的决策树算法都是二叉树的结构，通过在特征空间对数据集不断进行二分切割，从而长出一个二叉树结构来帮助分类或回归，而分类树和回归树的区别在于两方面：一方面，处理连续特征还是离散特征；另一方面，预测结果是类别标签还是数值，如

图 9-2 所示。基于离散特征的分类问题是比较简单的，而 CART 算法解决基于连续特征的回归问题的本质，是将连续特征离散化处理。将特征当作离散特征处理，那么问题就回归到决策树擅长处理的分类问题上了。

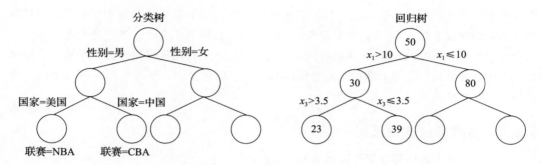

图 9-2   分类树和回归树示意图

接下来 CART 只需要解决 3 个问题：第一，如何选择节点分裂所依赖的特征；第二，如何选择合适的分割点；第三，如何确定节点的预测值。

回归问题主要是为了找到一个函数可以根据样本的特征预测它对应的结果值，其优化目标形式化定义为

$$\min \sum_x |y - f(x)|^2$$

其中，y 是样本 x 的真实结果，$f(\cdot)$ 是回归函数。在决策树问题下，$f(\cdot)$ 就是决策树本身。

原始的 CART 算法为前两个问题提供了比较粗暴的解决方案，那就是遍历所有特征和所有可能的分割点，选出可以最小化损失的特征和分隔点二元组，其形式化定义可以写为

$$\min_{j,s} \left[\sum_{x_i \in R_1} (y_i - c_1)^2 + \sum_{x_i \in R_2} (y_i - c_2)^2 \right]$$

其中，y_i 代表样本 i 的真实值，j 代表特征的 ID，s 代表分隔点的数值。c_1、c_2 分别代表以 (j, s) 二元组对数据进行二分切割后，得到的两组子集 R_1、R_2 上对样本的结果值求平均，可以形式化写为

$$R_1 = \{x \mid x \leq s\}, \quad R_2 = \{x \mid x > s\}$$

$$c_1 = \frac{\sum_{x_i \in R_1} y_i}{|R_1|}, \quad c_2 = \frac{\sum_{x_i \in R_2} y_i}{|R_2|}$$

在 CART 回归树分裂的过程中，节点的回归预测值记为节点所覆盖的数据子集的结果的平均值。在决策树对未知样本进行预测时，我们从根节点开始，按照每个节点的特征判别逻辑，向下前进直到叶子节点。而叶子节点的标记值，就是决策树这个函数 f 输出的预测结果值。CART 回归树也会存在过拟合训练数据集的问题，为了防止这个问题，通常限制树的分裂次数，那么，CART 回归树的完整损失函数可以形式化写为

$$L = \sum_{m=1}^{|T|} \left[\sum_{x_i \in R_m} (y_i - c_m)^2 \right] + \alpha |T|$$

其中，T 代表回归树的所有节点。

介绍了 GBDT 算法的 CART 回归树部分，我们还剩下梯度提升算法的部分。Boosting 算法本质上是一种模型集成（Model Ensemble）的思想。在训练一个机器学习模型的时候，有一个基本的常识，那就是模型的泛化性和表达能力是互相制约的。

模型越复杂，模型的表达能力越强，可以拟合更复杂的数据，但也更容易过拟合，泛化性较差。模型集成的思想就是通过集合多个弱分类器（表达力相对较差，但泛化性较强）的力量，在不降低泛化性的前提下，提升模型整体的预测能力。GBDT 就是通过集成多棵回归树，以加法融合（Additive Ensemble）的方式进行模型性能提升。具体来说，GBDT 的优化目标损失函数可以形式化表示为

$$L = \min \sum_x \left| y - \sum_{m=1}^{M} f_m(x) \right|^2$$

其中，M 代表 GBDT 总共包含 M 棵树。当我们通过贪婪的方式进行 GBDT 多棵回归树构建时，构建第 m 棵树的损失函数可以写为

$$L = \min \sum_x \left| r_m(x) - f_m(x) \right|^2$$

$$r_m(x) = y - \sum_{i=1}^{m-1} f_i(x)$$

当构建第一棵树的时候，回归目标是 y 本身。继续构建余下的树，树的回归目标是前几棵树预测值之和与目标值 y 之间的残差，也可以理解为损失函数的负梯度。具体地，GBDT 的训练方法就是先构建一棵 CART 回归树，直接回归目标值。之后的每一棵树都不回归目标值，而是回归残差值。以第 m 棵树为例，残差值的计算方式是，用目标值减去前 $m-1$ 棵树的预测值之和。训练时，GBDT 算法逐一训练每棵树，直到达到设定的树的数量。只要把多棵树的预测值加起来就是最终预测值。

以上就是 GBDT 算法的基本元素，还有一个比较大的问题，那就是 GBDT 算法的训练时间复杂度过高。GBDT 算法的训练时间复杂度可以表示为 $O(LNMK)$，其中 L 是树的数量，N 是样本数量，M 是特征数量，K 是平均每棵树的非叶子节点数量。在一个工业推荐系统每天产生的样本集合中，样本数以亿计，特征数以百计，这个计算量是十分庞大的。由于其训练算法是贪婪的串行形式，很难并行加速，因此我们需要一种更高效的 GBDT 训练方法。下面简要介绍一下 LightGBM 算法。

GBDT 算法的计算时间集中消耗在节点分裂的过程中，需要对所有数据点、特征进行遍历，以找到最优切分特征和最优切分位置。在实际数据集中，有大量特征是稀疏的（即只有少量不为零的位置），同时也不是所有数据都需要参与训练。LightGBM 希望通过减少参与训练数据量和特征数，并尽可能不损失精度，实现加速训练的目的。

LightGBM 中用于减少训练数据量的算法称为基于梯度的单侧采样法（Gradient-based One Side Sampling，GOSS）。它借鉴了 AdaBoost 根据样本权重对训练样本进行采样训练，而不是依靠全集训练的思想来加速。由于我们的样本没有权重，因此 GOSS 依赖每棵树构建时的梯度绝对值（即残差）来定义样本权重。如果前面几棵树对某个样本的回归效果不好，那么就会产生较大的梯度，就更需要被训练。反之，则没必要训练，以避免过拟合。然而不对小梯度样本进行训练会造成样本分布随着训练进行产生不可知的变化，从而产生严重的偏置。于是，LightGBM 也会对小梯度样本进行采样，并赋予较大的权重来模拟真实分布。具体地，当训练第 m 棵树的时候，GOSS 算法的流程如下。

1) 计算每个样本的梯度 $r_m(x) = y - \sum_{i=1}^{m-1} f_i(x)$。

2) 根据梯度绝对值 $|r_m(x)|$ 对样本进行降序排序。

3) 取 top α（例如 $\alpha = 5\%$）的大梯度样本，记为集合 A。

4) 在剩下的样本集合 $X - A$ 中采样 β（例如 $\beta = 5\%$）样本，记为集合 B。

5) 用 $A + B$ 来训练第 m 棵树。训练时，B 中样本对损失函数的贡献要乘以权重 $\frac{1-a}{b}$。

LightGBM 引入互斥特征打包（Exclusive Feature Bundling，EFB）算法来减少特征数量和加快特征分割点的计算速度。

EFB 算法包含两部分。由于我们面对的特征是值域范围不确定的连续数值，很难寻找分割点，因此 EFB 算法的第一部分是将特征各自离散化。具体来说，就是确定为每个特征做直方图统计，同时把连续数值近似表征为直方图中的桶代表的值。这样每个特征下，可选的数字只有可枚举的少数数值了。

EFB 算法的第二部分是减少特征数量，主要是通过合并互斥特征来实现的。所谓互斥特征就是"不同时不为零"的特征。例如，假设数据集只有 4 个样本，特征 A 的数值为 [0，1，0，1]，特征 B 的数值为 [1，0，1，0]，那么 A 和 B 就是完全互斥的。

为了将互斥的特征分到一组中，EFB 算法采用了一种贪婪的方式。首先，EFB 算法计算每个特征与其他特征"冲突"的次数，例如，[1，0，1，0] 和 [1，1，0，1] 的冲突次数是 1，因为有一位同时不为 0。接着，EFB 算法统计每个特征和其他所有特征冲突次数的总和，按从大到小排序。然后，EFB 算法为所有特征打包，并要求每个包的总冲突数不超过一个预设值 γ。只要包的总冲突数不超过 γ，就从大到小寻找刚好可以放进去的特征，否则新开一个包。

之后，同一个包中的特征会被合并为一个特征。在特征合并时，在同一个样本的不同特征之间，取不为 0 的那个作为合并后的特征值。如果有多个不为 0 的情况，可以将特征数值相加。最后，在所有包的特征完成合并后，更新每个新特征的直方图统计。

通过 EFB 算法得到的这一统计直方图可以大大加快选择切分点的过程，因为避开了特征为 0 的冗余计算，同时可以根据直方图快速计算损失函数。这一流程如图 9-3 所示。

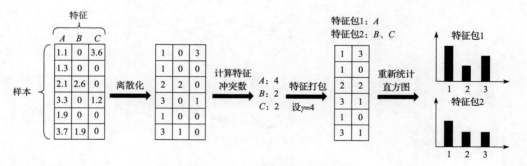

图 9-3　EFB 算法流程示例

总的来看，LightGBM 算法通过结合 GOSS 和 EFB 算法，大大加快了 GBDT 算法的训练过程。但 LightGBM 仍有两个显著的问题：第一，训练第一棵树的时候，GOSS 是没有加速的；第二，如果特征空间不是稀疏的，那么特征之间的冲突率就会很高，打包过程就可能完全失效，导致每个包里只有一个特征。这里需要算法工程师自行判断，如果特征体系包含大量高度稠密的特征，就没必要进行 LightGBM 算法的 EFB 步骤了。

9.2.4　GBDT＋LR 复合排序

在 GBDT 模型诞生之前，逻辑回归（Logistic Regression，LR）算法也曾被用在搜索推广领域的排序上。LR 算法理论上适合以回归的方式建模二分类的问题，其输出值可以理解为某个样本分类为 1 的概率，形式化定义可以写为

$$f(x) = \frac{1}{1 + e^{wx+b}}$$

其中，x 是输入的特征，w 和 b 是模型需要学习的参数。

然而，由于 LR 算法的模型过于简单，表达能力较弱，很快被诸如 GBDT 等复杂模型代替。当我们重新审视 GBDT 模型时，我们可以发现 GBDT 模型以决策树的形态对不同特征进行了组合利用，自动实现了一些复杂的特征交叉逻辑，并将交叉过的信息融入最后每棵树的预测值，提升了预测值本身的表达力。

如果我们把 GBDT 的回归树森林的每个叶子节点都以 0 或 1 表示，样本 x_i 命中了某个叶子节点即为 1，其他节点都置为 0，如此，我们就得到了一组更强大的 x_i 的特征表达。把这个强化过的特征作为 LR 算法的输入，相比于用 GBDT 直接回归，更适合建模推荐的点击率预估问题，结构如图 9-4 所示。

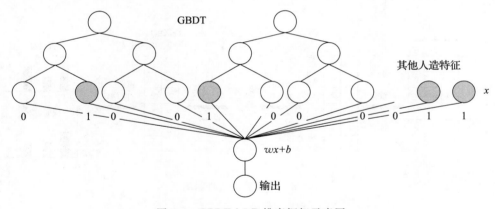

图 9-4   GBDT＋LR 排序框架示意图

GBDT＋LR 的排序架构给我们的启示是，很多人工经验无法覆盖的复杂特征交叉流程，可以交给一些算法模型去完成，从而得到更强大的特征表达能力。

9.2.5 双塔深度网络

GBDT＋LR 的排序架构曾是工业界推荐排序的主流模型，但这一框架也存在显而易见的缺点。

□ 对于连续特征的利用，停留在比较低效的阶段，需要运用人工离散化等技巧。

□ 对于不同特征的交叉能力有限，特征利用率低。GBDT 算法在生成回归树时，用来做节点分裂判别的特征数量往往十分有限，大多数情况下不会用上所有特征。

□ 对于连续特征和离散特征的融合也需要人工设计。由于 GBDT 不适合同时处理离散特征，因此离散特征一般利用人工构造特征的方式交由 LR 处理。

深度学习带给算法工程师的便利在于可以把所有特征学习、融合的工作交给深度神经网络这个"黑盒"来完成。于是，简单而省心的深度网络逐步替代 GBDT＋LR 模型。

本节的重点在于介绍粗排模型的一些典型结构。本着简单、快速、高效的算法选型原则，Neural CF 网络也可以作为粗排模型，完成多路召回分数统一和排序截断的工作。Neural CF 是一个抽象范式，这个范式的灵活之处在于其度量空间的可替换性。在召回算法里，我们追求速度，因此使用最简单的内积空间配合近邻检索算法来实现高速筛选。

在粗排阶段，候选集合大大减小，我们有了更多的时间，可以利用更复杂的度量空间来建模用户和内容之间的关系，例如利用多层神经网络构建的非线性度量空间，结构如图 9-5 所示。一些研究表明，内积空间实现的是用户表征和内容表征的一阶交叉效果，而多层非线性神经网络可以近似实现高阶交叉的效果。在这个网络结构中，用户表征和内容表征仍然可以 $T+1$ 产出，这样就大大加快了在线前向运算的速度。

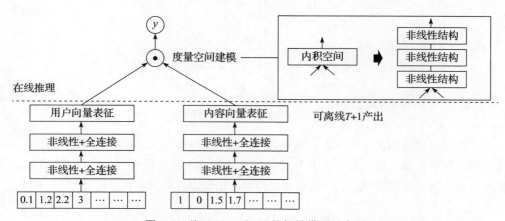

图 9-5　基于 Neural CF 的粗排模型示意图

9.2.6　从精排模型蒸馏出粗排模型

由于计算性能的约束，粗排模型往往不能使用复杂、耗时的特征（例如交叉特征、实时特征），也不能使用过于复杂的网络结构，因此在使用粗排模型对数据建模的时候，我们经常会遇到一个问题，那就是粗排模型产出的排序结果和精排模型产出的排序结果出现逆序。通俗地说，就是粗排认为靠前的内容，精排却排到靠后的位置。无论从离线、在线指标，还是人工体验的角度看，特征更强大、表达能力更好的精排模型的结果都比粗排的优秀。那么，有没有什么办法能把精排模型学到的知识迁移到粗排模型上呢？答案是有的，这种技术叫作知识蒸馏。

将精排模型的知识蒸馏到粗排模型的结构设计如图 9-6 所示，其中精排模型在打分之前的那一层输出的向量被称为 Logits。利用精排模型的 Logits 作为部分监督信号去辅助粗排模型训练，其损失函数形式化表达可以写作

$$L = -\sum_{i=1}^{N} p_i \log_2 q_i$$

或

$$L = \sum_{i=1}^{N} (p_i - q_i)^2$$

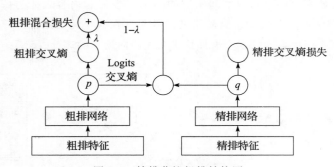

图 9-6   精排蒸馏粗排结构图

注意这里可以使用交叉熵损失来衡量 Logits 之间的差距，也可以使用回归损失。一些研究表明，用交叉熵来优化两个输出 Logits 分布之间的差距效果更好，可以忽略 Logits 极端值带来的干扰。我们既可以先训练精排模型再蒸馏，也可以两者联合训练。

9.3   精排模型

本节主要介绍精排模型的业务价值、技术演进和核心思想变迁。

9.3.1   精排模型的特点与业务价值

粗排模型的下游是精排模型。在精排阶段，候选内容的规模由于粗排的截断进一步缩

小，我们就可以利用更加复杂的特征体系以及更加复杂的模型结构来提升整体的预测性能。具体地，在精排阶段，模型可以直接将原始特征作为输入，在模型内部实现特征的交叉融合。一些实时交叉特征、人造交叉特征等因为在线计算速度慢而不适合在粗排模型中使用的特征，都可以在精排模型中使用。

同时，深度神经网络以其强大的表征能力和特征处理能力著称，通过序列处理模块建模时序序列特征。通过表征学习为离散特征学习低维稠密表征，以及自动化的高阶特征交叉技术，都可以在这一阶段应用。在精排阶段，模型需要肩负的责任就是通过更精细的融合用户历史行为信息来捕捉用户偏好。技术目标的分化促成了精排模型多组件相对独立的技术演进路径。

9.3.2　从 LR 到 FM：从半人工走向全自动

在前深度学习时代，搜索、推荐、广告中的智能化方案各不相同，呈现百花齐放的状态。由于超大规模的矩阵分解效率问题，以及矩阵分解不方便结合各种高效的人工构造特征等缺陷，基于矩阵补全的协同过滤方法在大规模、动态变化的推荐系统中的应用不如 LR 广泛。在 9.2.4 节中我们介绍过 LR 的形式化表达，公式中特征被抽象统一处理了，从特征工程的角度去重新审视 LR 范式，其形式化表达可以改写为

$$y = \mathrm{sigmoid}[w(x_u + x_i + x_{uu} + x_{ii} + x_{ui}) + b]$$

其中，x_u 代表用户特征，x_i 代表内容特征，x_{uu} 代表人工构造的用户特征内部交叉特征。例如性别特征和年龄特征交叉可以得到类似"30 至 35 岁男性"的特征，可以表征更细粒度的用户群体特点。x_{ii} 代表人工构造的内容特征内部交叉特征，例如标签和价格区间交叉可以得到"30 至 50 元手机壳"的特征，表征了更细粒度的内容类别特点。x_{ui} 代表用户特征和内容特征的交叉。这些例子仅仅是二阶特征交叉（两两特征组合），还有很多三阶、四阶等高阶交叉特征。

这是早期人工特征工程叠加机器学习模型的框架原型。模型的简单性对特征工程提出了极高的需求。当时，系统整体性能的高低依赖算法工程师对数据的洞察力，即是否能想到提升模型性能的关键特征。大量的特征构造、筛选工作造成了繁重、单调的人力消耗，为了把这个特征组合、交叉的任务交给机器去做，FM（Factorization Machine）算法应运而生。

与基于矩阵补全的协同过滤思想相似，FM 算法的本质也是通过特征之间的内积等简单度量方式来衡量特征之间的相关性，其形式化定义写作

$$y = w_0 + \sum_{i=1}^{M} w_i x_i + \sum_{i=1}^{M} \sum_{j=1}^{M} w_{ij} x_i x_j$$

其中 w_{ij} 代表交叉特征学习的权重。如果全量特征（包含用户特征和内容特征）共有 M 种，那么 w_{ij} 就构成了一个 $M \times M$ 的权重矩阵 $\boldsymbol{W}$。同样，利用矩阵分解的思想，我们可以分解这个方阵 $\boldsymbol{W}$，即为每个特征学习一个低维向量（称为隐向量），用矩阵运算来重构 $\boldsymbol{W}$，避免存储如此巨大的权重矩阵。那么，FM 算法的形式化表达可以重写为

$$y = w_0 + \sum_{i=1}^{M} w_i x_i + \sum_{i=1}^{M} \sum_{j=1}^{M} v_i v_j^{\mathrm{T}} x_i x_j$$
$$= w_0 + w_1 x^{\mathrm{T}} + \boldsymbol{x} \boldsymbol{V} \boldsymbol{V}^{\mathrm{T}} \boldsymbol{x}^{\mathrm{T}}$$

其中，$\boldsymbol{x}$ 是 M 维样本向量，$\boldsymbol{V}$ 是 $M \times K$ 隐向量矩阵，K 是预设的隐向量维度。假设隐向量矩阵是低秩的，那么 $K \ll M$。在早期的特征工程中，特征向量往往采用 One-hot 编码，图 9-7 是一个 One-hot 编码的示例。不难发现，这种特征编码方式会产生一个维度极高的稀疏向量。在早期的推荐系统中，这个向量维度可以高达数十万维，因此上述低秩假设成立。隐向量就是这些高维稀疏特征的低维稠密表达，大大减少了存储消耗和提升了计算效率。通过隐向量进行特征交叉的形式，解放了算法工程师的人力，他们不必再手动进行大批量的特征交叉测试实验。

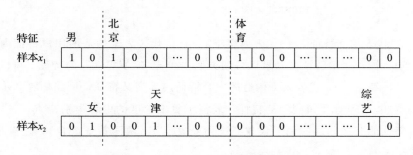

图 9-7　One-hot 编码特征构造示例

FM 算法的训练方式也很简单，可以通过随机梯度下降算法迭代优化，其梯度的形式化定义如下。

$$\frac{\partial y}{\partial \theta} = \begin{cases} 1, & \text{如果 } \theta = w_0 \\ x_i, & \text{如果 } \theta = w_i \\ x_i \sum_{j=1}^{n} v_{j,f} x_j - v_{i,f} x_i^2, & \text{如果 } \theta = v_{i,f} \end{cases}$$

从这个梯度优化的公式中我们可以发现，即使特征 i 和某个特征 j 的正样本没有共同出现（即 $x_i=1$ 且 $x_j=1$），隐向量 v_i 和 v_j 也可以得到训练。因为只要 x_i 和其他 x_k 有共现的样本，那么 v_i 就可以得到梯度。而在原来的 LR 模型里不难发现，当 $x_ix_j=0$ 时，w_{ij} 就无法得到训练了。LR 其实就是在通过学习 w 参数记忆交叉特征的共现模式，而 FM 算法在一定程度上弱化了这个记忆属性，并且大大增强了泛化性，让特征相关性可以泛化到没出现共现样本的特征组合上去。

9.3.3　端到端暴力美学：精排 CIN 模块

FM 算法产生的隐向量是特征的高质量表征，在推荐领域机器学习模型"由浅至深"的进化过程中，曾经有人用 FM 算法学到的隐向量作为神经网络的输入去强化普通深度神经网络对交叉特征的学习。这不符合在神经网络中流行的端到端暴力美学，即算法工程师只须向模型输送最原始的特征（例如计算机视觉领域只需要输入原始图片），就可以等待"黑盒"般的复杂模型输出高质量的预测结果。从这个角度看，先训练 FM 模型再训练神经网络的二段式做法是不够高效和优雅的，如果能让特征隐向量与神经网络一起学习，既省时也省力。为此，研究人员提出了 xDeepFM 网络。

xDeepFM 的核心组件是 CIN（Compressed Interaction Network）模块，CIN 主要用来实现离散特征的高阶神经网络化交叉，也就是 FM 模型的多层网络版。我们重新审视 FM 模型的交叉部分，FM 不仅可以进行二阶交叉，还可以进行更高阶的交叉。我们举一个三阶交叉的例子，公式如下。

$$y = w_0 + \sum_{i=1}^{M} w_i x_i + \sum_{i=1}^{M}\sum_{j=1}^{M}\sum_{d=1}^{D}(v_i \circ v_j)x_ix_j +$$
$$\sum_{i=1}^{M}\sum_{j=1}^{M}\sum_{k=1}^{M}\sum_{d=1}^{D}(v_i \circ v_j \circ v_k)x_ix_jx_k$$

对原公式的向量点积运算进行改写，其中 $v_i \circ v_j$ 被称为哈达马积，也就是维度不变的按元素乘积。例如 $(1,2,3) \circ (1,2,3) \circ (1,2,3) = (1,8,27)$。$D$ 是隐向量的维度。直接按这种模式进行计算，我们发现运算量是按交叉阶数不断上涨的，二阶的交叉权重是 $M \times M$ 的矩阵，三阶就是 $M \times M \times M$ 的张量了。xDeepFM 的作者想到一个策略，那就是 CIN 名字中的 Compressed（压缩）。在 LR 时代，有很多明显无用的交叉特征是可以被舍弃的，不会作为 LR 模型的输入。同理，不同的交叉特征的表达能力不同，其贡献也是不同的，因此，为每个交叉特征学习一个权重因子 ω，并把所有交叉特征用这个权重因子加权求和。

xDeepFM 算法的作者还利用了数学里卷积的思想。不难发现，三阶特征交叉的表达式使用的是哈达马积，在 v_i、v_j、v_k 之间进行哈达马积运算之前，v_i 和 v_j 的哈达马积在二阶交叉的时候就已经算过了，可以保留中间结果，不必重复运算。如果把二阶交叉、三阶交叉，直到 N 阶交叉串联起来进行卷积，那么就可以大大节省运算时间。

原公式里的样本 x 是稀疏 One-hot 特征的拼接，交叉时乘以 $x_i x_j x_k$，本质上等价于对隐向量矩阵 V 的查表操作，可以直接用 Embedding Hash Table 来实现。我们将上述内容结合起来，CIN 的形式化表达如下。

$$V_{h,*}^1 = \sum_{i=1}^{M} \sum_{i=1}^{M} W_{ij}^{1,\,h}(V_{i,*}^0 \circ V_{j,*}^0)$$

$$V_{h,*}^k = \sum_{i=1}^{H_{k-1}} \sum_{i=1}^{M} W_{ij}^{k,\,h}(V_{i,*}^{k-1} \circ V_{j,*}^0),\ k=2,\ 3,\ \cdots$$

其中，V^0 代表隐向量矩阵，也就是 CIN 网络的输入。$V_{i,*}^0$ 代表特征隐向量矩阵的第 i 行。V^k 代表第 k 阶交叉的中间结果矩阵，也就是 CIN 网络第 k 层的输出。$W^{k,h}$ 代表第 k 层的第 h 个权重矩阵，那么 $W_{ij}^{k,h}$ 代表第 k 阶交叉后的特征的权重因子。H_{k-1} 代表第 $k-1$ 层权重矩阵 $W^{k,h}$ 的个数。上述公式是对 CIN 网络卷积模式的微观表达。通俗地理解，CIN 的每一层都把上一层的输出结果当成新的隐向量，与输入的隐向量卷积。

权重因子 W 是个 $H \times L$ 的矩阵，L 除第一层是 M^2 以外，其他层都是 $H \times M$。这是因为 CIN 的作者希望为第 k 层的交叉特征学习 H^k 套不同的权重因子。从而，交叉特征有了不同的聚合模式。这里我们把 $W^{1 \times L}$ 看作一个卷积核，那么 H^k 就可以理解为通道数。

从计算机视觉中的卷积神经网络的角度理解，CIN 就是在每一层上做固定通道数的全感知域卷积。这说明 CIN 的设计也借鉴了卷积神经网络的做法。为了方便理解，我们把 CIN 网络结构中的一次交叉过程可视化如图 9-8 所示。

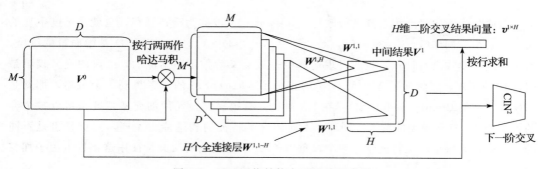

图 9-8   CIN 网络结构交叉过程示意图

图 9-8 中的中间结果矩阵 V^1 会被送往下一个相同结构的交叉模块（CIN Block）。而将这个 $D \times H$ 的 V^1 矩阵按行求和得到的 H 维向量，才是真正的二阶特征交叉结果。在 FM 的模型中，二阶特征交叉的结果是一个标量，但 CIN 的输出是一个向量。这是因为 CIN 为交叉特征的融合权重 W 设置了 H 个通道，当 $H=1$ 时，CIN 就与 FM 的结果基本等价。

CIN 相对于 FM 的优点如下。

- CIN 可以作为神经网络的一个子模块随网络一起学习，隐向量表征则可以随机初始化一同学习。
- 通过卷积的形式将高阶交叉简化，并用卷积核融合交叉特征，控制每一层的计算量为一个固定的常数，不会随着交叉阶数膨胀。
- 通过卷积核实现了交叉特征的自动筛选，通过给这个卷积核 $W^{H \times K}$ 施加正则项约束，可以实现有效的特征选择，避免噪声干扰，增强网络泛化性。

9.3.4 序列特征建模

用户的交互历史是一个不定长度的有时序属性的序列特征。虽然很多统计特征都是基于用户的历史交互得来的，但这些统计特征其实省略了用户历史行为的时序关系信息。因此，用户的序列特征是无法被替代的一类特征。传统的基于 MLP 的深度神经网络的缺点是只能处理固定长度的输入，而用户序列特征具有不确定的长度。在用户序列特征建模问题上，很多方法都借鉴了自然语言处理领域的工作，例如阿里巴巴的深度兴趣演化网络（Deep Interest Evolution Network，DIEN）就借鉴 GRU 模块的思想进行序列建模。然而，时至今日，基于 Transformer 结构的模型在绝大多数的序列化建模问题上取得了最优结果，成为序列化建模相关问题的基础结构单元。

不同于自然语言处理中的 Transformer，推荐系统的序列处理不需要构建复杂的多层 Encoding、Decoding 结构，我们只须借鉴其中的注意力机制（Attention Mechanism）去捕捉序列中的相关关系信息。Transformer 的核心是 Multi-head Attention 结构，其形式化定义如下。

$$\text{Attention}(\boldsymbol{Q}, \boldsymbol{K}, \boldsymbol{V}) = \text{softmax}\left(\frac{\boldsymbol{Q}\boldsymbol{K}^{\text{T}}}{\sqrt{d}}\right)\boldsymbol{V}$$

$$\text{head}_i = \text{Attention}(\boldsymbol{Q}\boldsymbol{W}_i^Q, \boldsymbol{K}\boldsymbol{W}_i^K, \boldsymbol{V}\boldsymbol{W}_i^V)$$

$$\text{multi\_head}(\boldsymbol{Q}, \boldsymbol{K}, \boldsymbol{V}) = \text{concat}(\text{head}_0, \text{head}_1, \cdots, \text{head}_h)\boldsymbol{W}^{\text{out}}$$

再加上残差连接和 Layer Norm 单元(Layer Normalization,层归一化)就构成了一个基本的 Transformer Block,其结构如图 9-9 所示。Layer Norm 单元是在序列化建模中常用的归一化单元,用以增强模型的泛化性。残差连接则常用于构建超深的神经网络,防止梯度消失问题。

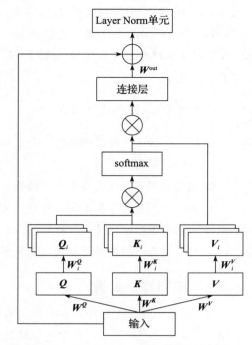

图 9-9　Transformer Block 结构示意图

在推荐系统中,Transformer Block 有两种使用方式:自注意力模块和目标注意力模块,如图 9-10 所示。从图 9-10 里,我们能很直观地看到,自注意力模块用于捕捉输入序列内部两两内容之间的关系,而目标注意力模块用于捕捉某个内容与一个序列之间的关系。两者可以结合起来使用。这里需要注意有两点,第一,Transformer 是顺序无关的结构,也就是无论输入序列是什么顺序,输出的结果都一样。这不符合我们的期待,因此,我们需要为序列中每个元素的表征拼接一个位置表征(Position Encoding),序列中不同位置的表征不同,这样就间接实现了有序建模。第二,为了不让网络计算复杂度无序膨胀,我们要限制序列的长度最大值。

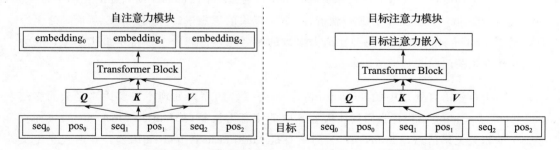

图 9-10　Transformer Block 中的自注意力模块与目标注意力模块结构示意图

9.3.5　稠密特征处理

经过 9.3.3 节、9.3.4 节的改造,我们用表达能力更强、可以与网络联合学习的交叉特征处理模块替换了人工交叉特征,同时还增加了序列特征处理模块。升级后的 LR 排序范

式的抽象形式化表达可以写为

$$y = w_0 + wx^{\mathrm{T}} + \text{Interaction\_block}(x) + \text{Sequence\_block}(\text{seq})$$

其中，Interaction_block 代表任意可以实现特征交叉的网络结构，如 CIN。Sequence_block 代表任意可以实现序列建模的网络结构。同样地，我们也可以通过改造 wx^{T}，用神经网络实现特征的非线性融合，进一步增强表达力。由于推荐系统的特征是一维无序稠密数值特征，因此无需特别复杂的特征处理结构，一般使用简单的深度神经网络就可以，具体地，使用多层感知机算法（Multi-Layer Perceptron，MLP）即可。图 9-11 是一个常用的 MLP 示例。至此，LR 排序框架进一步升级为

图 9-11　一个两层的 MLP 示例

$$y = w_0 + \text{DNN}(x) + \text{Interaction\_block}(x) + \text{Sequence\_block}(\text{seq})$$

9.3.6　归纳偏执处理

在 9.3.5 节最后的公式中，升级后的广义 LR 排序框架还剩下最后一个 w_0 未处理，在传统的线性机器学习模型中，我们把这一项叫作归纳偏置。推荐系统常见的归纳偏置包含以下几部分。

- ❑ 用户选择偏差。由于用户与系统交互的时候会受到他人选择的影响，选择的结果不一定反映该用户真实的偏好。例如用户倾向于选择评分更高的产品。
- ❑ 曝光偏差。用户在推荐系统进行交互的过程中，主动选择和投其所好的模式难免会逐渐构建信息茧房，用户永远只能看到推荐系统给他看到一小部分内容，从而引起数据分布的扭曲。
- ❑ 系统偏差。因交互设计造成的内容展示吸引力不同，扭曲了用户的真实偏好。例如，对于列表形态的信息流推荐，用户倾向于点击位置靠前的内容；在手机客户端信息流推荐场景中，如果信息流中的卡片大小不一，那么大卡片的吸引力比小卡片更强；不同手机型号、系统版本、App 版本在用户交互界面上的差异会影响用户的选择。
- ❑ 环境偏差。由于用户不同时间身处的环境、心理不同，交互的倾向也会有变化。

从以上列出的归纳偏置因素来看，部分用户、内容本身造成的偏置已经在用户特征、内容特征、环境特征建模的部分进行建模了。剩余的偏差因子需要在为用户推荐内容时进

行消除，例如曝光位置、卡片大小、系统版本等，可以对其显示建模。比起传统的 LR 模型自动学习偏置项这个标量，模型的表达力会更强。具体地，我们可以借鉴 YouTube 的做法，引入一个偏置网络来建模一些明显的归纳偏置因子，其离线建模与在线消偏预测的示例如图 9-12 所示。

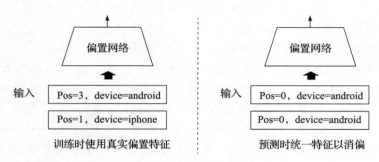

图 9-12   偏置网络示意图

9.3.7   特征融合

经过上述改造，广义 LR 框架可以被描述为

$$y = \text{BiasNet}(\text{bias}) + \text{DNN}(x) + \text{Interaction\_block}(x) + \text{Sequence\_block}(\text{seq})$$

上述公式可以通俗地理解为用不同的网络组件处理不同类型的特征得到一维的打分，用加性结合的方式得到最终的打分结果。然而，直觉上不同网络组件对最终评分的贡献并不是完全均等的。另外，这种建模方式也可以理解为，每个网络组件将各自的高维特征降至一维，在分数融合时已经将大量信息丢弃了。我们也可以利用更好的特征融合方式获得最终得分。下面简单介绍一个有效特征筛选及融合的组件。

压缩刺激网络（Squeeze and Excitation NETwork，SENET）是计算机视觉领域的一个研究工作，目的是帮助卷积神经网络识别不同通道的重要性。在计算机视觉中，网络是在多通道特征图张量上操作的，例如特征图 $F^{H \times W \times C}$，H 是特征图高度，W 是宽度，C 是通道数。在推荐系统中，特征不是多通道的二维图，在最后一层的特征融合层，网络输出一维高阶特征向量，也可以类比计算机视觉中的 $1 \times 1 \times C$ 的张量，即把最后一层特征的维度理解为通道数。代入 SENET 后，其形式化表达如下。

$$f^{\text{out}} = f^{\text{in}} \cdot \sigma\{W_2 \text{ReLU}[W_1(f^{\text{in}})^{\text{T}}]\}$$

9.3.8   广义 LR 排序范式

完整改造后的广义 LR 排序范式可以抽象表达为

$$y = \text{Fusion}\big[\text{BiasNet}(\text{bias}),\ \text{DNN}(x),\ \text{Interaction\_block}(x),\ \text{Sequence\_block}(\text{seq})\big]$$

整个抽象网络结构变为一种实例化的网络结构，如图 9-13 所示，这基本上是当下主流推荐精排模型的通用结构。

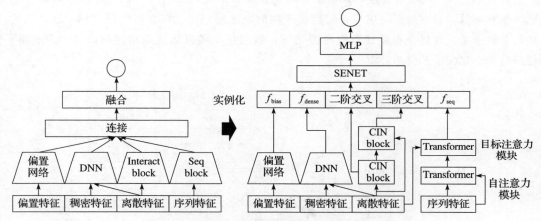

图 9-13　主流精排模型框架及实例

9.4　多准则排序

本节主要介绍多准则排序的意义及典型技术方案。

9.4.1　多准则排序简介及业务意义

9.1～9.3 节以单一目标优化为基本框架进行介绍，在实际业务中，用户体验往往是多个目标融合的结果。例如，点击率高但转化率低的内容很可能是标题党，转化率高但客单价低的商品可能不符合平台的商业价值追求。具体到算法层面，我们需要排序算法模型可以拟合多个不同的目标，这些目标互相之间不一定是相辅相成的，有时可能是互相制约的。在线服务时，为了能够自动融合这些不同目标的打分，我们还需要一个融合模型产生唯一的排序结果，这就需要引入重排模块。

多准则排序将模糊不清的用户体验、商业价值目标逐一拆解成简单、可直接优化的小目标，不仅让模型的拟合任务变得简单，也会增强整个系统排序结果的可解释性。

9.4.2　MMoE 建模多准则任务

多准则排序算法最直接的做法就是一个目标训练一个模型，然而这种做法是对计算资源的极大浪费，因为这些排序模型不仅使用同一套特征体系，很可能也使用大致相同的网络结构。使用同一套特征体系，在共享部分网络参数的前提下，进行不同目标的联合学习任务，在机器学习领域被称为多任务学习（Multi-Task Learning，MTL）。

最简单的 MTL 框架就是 Share-bottom 结构，如图 9-14 所示。Share-bottom 的特点是共享所有参数，只在最后一层表征层后接不同的全连接网络，拟合不同的目标。这一结构的显著缺点是，在任务相关性较弱的情况下，强制让不同目标使用相同的高层抽象特征，使最后的全连接层的负担过重。

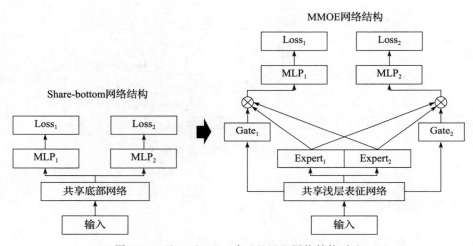

图 9-14 Share-bottom 与 MMOE 网络结构对比

对于提高不同任务对特征的利用效率，一个简单的思路是，不同目标对特征体系内不同的特征利用程度、利用方式可能不同，网络应该更早进行分支。同时，不同的分支应该有更强表达能力的结构进行特征融合与抽象。于是，研究人员提出了 MMOE（Multi-gate Mixture-Of-Expert）网络框架，如图 9-14 所示。

MMOE 方法的核心思想包含两个方面。

❑ 通过构造参数不同、结构相同的 Expert 网络，或者不同结构的 Expert 网络，进行不同方式的特征提取。

❑ 为每个任务设置门限网络，实现对不同 Expert 网络输出特征的自动化选择。

MMOE 的形式化表达如下。

$$g^k(x) = \mathrm{softmax}[\mathrm{FC}_g{}^k(x)]$$

$$f^k(x) = \sum_{i=1}^{m} g_i^k(x) f_i(x)$$
$$y^k = h^k[f^k(x)]$$

其中，x 可以是原始特征，也可以是浅层简单网路处理后的特征表达，k 指第 k 个任务。$FC_{g^k}(x)$ 指的是门限网络内的全连接映射，$g^k(x)$ 指的是门限网络最终的输出值，$f_i(x)$ 是第 i 个 Expert 网络的输出高阶特征，$f^k(x)$ 指的是经过门限网络选择后的，针对第 k 个任务的特征表达。$h^k(\cdot)$ 代表针对第 k 个任务的打分网络，y^k 是第 k 个任务的最终输出值。

9.4.3　多目标的融合

在多准则排序下，经由多目标排序模型产出了多个目标，但最终的排序结果还是只能按照唯一的排序规则进行打分排序，因此，我们面临了一个多个目标之间的融合问题。

多目标融合主要包含两种方式：基于人工经验的融合和基于算法的自动化融合。融合的目标就是选出最优的参数组合，使得总体收益最大化，其形式化定义如下。

$$\max G = \max \sum_{n=0}^{N} \sum_{i=0}^{I} \text{weight}_i \, \text{score}_i$$
$$\text{s. t. weight}_i \geqslant 0 \ \forall \ i \in \{0, \ 1, \ \cdots, \ I\}$$

其中，score_i 是每个目标的打分，weight_i 是每个目标的权重。我们希望最大化所有样本上各个目标加权和的总收益，也可以理解为最大化样本集合上的多目标加权收益的期望。我们不要求 weight_i 的和为 1，这是因为我们在均衡各目标时往往需要考虑各目标量级的影响。比如电商内容的点击率可能是百分之几的量级，但点击转化率的量级可能是千分之几或者万分之几，量级存在巨大差异，对目标的贡献度也会有很强的影响。因此，我们有时会人为约束各个目标加权后的量级在同一水位。这种情况下，再要求权重和为 1 就会比较苛刻。

基于人工经验的融合是推荐算法工程师和运营人员根据企业利益和产品发展阶段，人为定义权重组合。例如，在视频产品中，我们希望当下阶段先扩大分发规模。因此，我们会给 VV 相关的目标设置较大权重，而给 TS、点赞率等目标设置相对较弱的权重。

基于机器学习的融合方法中，容易实现效果不错、可解释性和可控性高的，要数在线黑盒超参寻优了。黑盒超参寻优也叫作贝叶斯超参寻优。这类方法还常被用于神经网络结构自动寻优等领域，下面对这类方法中常用的高斯过程回归（Gaussian Process Regression，GPR）进行介绍。

GPR 在处理小样本、高纬度、非线性的复杂回归问题中，往往表现出较强的稳定性和泛化能力。它是基于模型的序列优化算法（Sequential Model－based Optimization）中的一种经典算法。这类算法一般可以分为两个部分：一个是代理模型（Surrogate Model），另一个是采集函数（Acquisition Function）。

在 GPR 中，代理模型就是高斯过程模型。高斯过程假设我们所观测的变量呈高斯分布。与高斯分布不同，高斯过程是函数的分布，一个高斯过程可以被一对均值函数和协方差函数唯一地定义，写作

$$f(x) \sim N[\mu(x), \ k(x, \ x)]$$

其中，$\mu(x)$ 是均值函数，$k(x, \ x)$ 是协方差函数，也叫核函数，写作

$$k(x_i, \ x_j) = (\sigma)^2 \exp\left(-\frac{\|x_i - x_j\|_2^2}{2I^2}\right)$$

其中，x_i 和 x_j 是连续时间域上不同的两个 x 的变量取值。上述写法是最常用的高斯核函数的表达形式，当然也可以采用其他的核函数设计，本节不作展开讨论。

我们利用贝叶斯线性回归的方式来求解 GPR，那么目标就是得到高斯过程模型的均值函数和核函数，其表达形式可以写为

$$\mu^*(x) = K_{fy}^{\mathrm{T}} K_{ff}^{-1} y + \mu(x)$$
$$K^*(x, \ x) = K_{yy} - K_{fy}^{\mathrm{T}} K_{ff}^{-1} K_{fy}$$
$$f^* \sim N[\mu^*(x), \ K^*(x, \ x)]$$

其中，我们定义：

$$K_{fy} = K(x, \ x), \ K_{ff} = K(x, \ x^*), \ K_{yy} = K(x^*, \ x^*)$$

x 代表历史已观测到的样本，x^* 代表本轮观测到的新样本。不难看出，GPR 是一个不断迭代优化的算法，其优化过程如下。

1）初始化高斯过程模型 $f_t = f_0 \sim N(0, K_0)$ 为一个 0 均值的高斯分布，人工生成一些初始样本 x 用以估计 K_0。

2）根据 f_t，使用汤普森采样得到新样本 x^*。

3）用新样本 x^* 按照上述计算公式，估计 f_{t+1}。

4）更新历史样本集合 $x = x \bigcup x^*$，更新当前高斯过程模型 $f_t = f_{t+1}$。

5）回到 2），直到模型收敛。

在在线多目标权重寻优问题中，权重集合{weight$_i$}就是上述算法的观测变量 x。为了实现在线的寻优过程，一般的做法是先开设一个小流量实验桶用来进行在线实验。然后实现在线的汤普森采样和样本回收模块，以不断实时地获取 x 和 $f(x)$。最后实现在线的高斯过程回归计算模块，以根据采样样本和历史样本，计算并更新 f。

我们可以将高斯过程回归得到的最优参数，即最后一次迭代的高斯回归模型 f 的均值，作为多目标融合的权重，应用至线上的多准则排序模型的融合公式中。

9.4.4　从 Point-wise 到 List-wise：强化学习重排序

传统的推荐算法排序通过为候选集合中每个内容估计分数，再根据这个分数进行排序。同时，在训练模型时，一个用户-内容对构成一个样本。这种建模范式被称为 Point-wise Ranking。这种排序模式是上下文无关的，因为它只反映用户对某个内容的单点偏好。实际上，用户与内容交互的时候，用户对内容的选择会受到被其他内容影响。同时，用户持续消费的意愿也受内容列表整体的排布影响。在精排模型进入多目标学习阶段，多目标融合也成了重排序的责任。综合以上要素，我们需要重排模型从 Point-wise 向 List-wise 进化。

List-wise 建模的本质是寻找一组内容的最优排序，以实现整体效果的最大化，在机器学习领域，这个问题叫作组合优化。长度为 N 的列表的全排列数是 $N!$（N 的阶乘），是一个天文数字，组合优化的一些方法虽然可以大大加快最优化的速度，但无法满足在线服务的需求。通过强化学习的近似求解组合优化成为一种比较合理的技术路线。

强化学习建模的是智能体与环境不断交互过程中的状态变化，它的基本要素是马尔可夫决策过程（Markov Decision Process，MDP）。马尔可夫决策过程包含 4 个要素：状态空间（State）、动作空间（Action）、回报函数（Reward）和状态转移概率矩阵 $\boldsymbol{P}_{s,a}$。

状态空间代表智能体所有可枚举状态的集合，动作空间代表智能体在所有状态下可采取的行动的集合，回报函数指的是智能体与环境交互时环境对智能体的反馈的建模，而状态转移概率矩阵则是智能体采取了某个动作后从一个状态向其他状态转化的概率分布建模。强化学习通过贪婪学习的方式找到全局最优解的一个假设就是它的 MDP 必须具有马尔可夫性，即当前状态向下一个状态转化与之前的状态无关，即只与当前状态有关。

强化学习在推荐重排应用时，推荐系统就是那个智能体，广大用户则是环境。用户给系统的所有反馈（例如点击、转化、下滑深度等）的量化就是对系统的回报函数。但直接应用这个方法的时候会遇到几个问题。

❑　智能体状态不可枚举。

□ 马尔可夫性无法保证，因为用户浏览后面内容的情形与之前所有浏览过的内容有关。

第一个问题可以通过深度强化学习来解决，即用状态网络来建模智能体当前的状态。因此状态转移概率分布也由深度网络来建模。第二个问题会造成强化学习理论保证的缺失，但实践证明，得到的智能体不一定能找到全局最优解，但可以找到比较好的局部最优解。

图 9-15 是一个利用强化学习的 Q-Learning 算法（模型结构采用 Deep Q-Net）框架建模 List-wise 重排序的模型结构示意图。

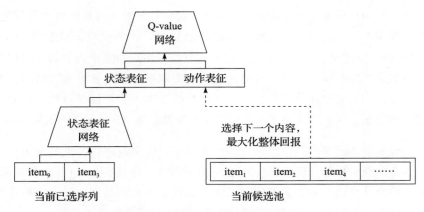

图 9-15   DQN 建模重排序示意图

DQN 训练流程如下。

1）当前时间 t 的状态为 s_t，根据当前 Q 网络选择使得 Q 网络预测值最大化的动作 a_t，有 ε 概率进行随机行为选择。

2）执行动作 a_t，智能体与环境交互到达状态 s_{t+1}，并从环境得到回报 r_t。

3）将四元组 $(s_t,\ a_t,\ r_t,\ s_{t+1})$ 存入回访存储器（Replay Memory）D。

4）从 D 中随机采样得到 N 个 $(s_j,\ a_j,\ r_j,\ s_{j+1})$ 构成的 Mini-batch。

5）针对每个四元组，计算目标 Q-value 如下。

$$y_j = \begin{cases} r_j & \text{如果 } j \text{ 是终止状态} \\ r_j + \gamma \max \hat{Q}(s_{j+1},\ a') & \text{如果 } j \text{ 不是终止状态} \end{cases}$$

6）计算损失函数：$L = \dfrac{1}{N} \sum\limits_{j=1}^{N} [y_j - Q(s_j,\ a_j)]^2$。

7）用随机梯度下降更新网络 Q 的参数。

8）每隔一定数量的 Mini-batch，将 Q 网络的参数覆盖网络 $\hat{Q}$ 的参数。

其中，Q 网络和 $\hat{Q}$ 是完全相同的两个网络。Q 是学习网络，会根据 SGD 梯度更新参数。$\hat{Q}$ 被称为目标网络，通过间隔式同步 Q 的参数完成更新。这种机制可以帮助 Q-Learning 算法的训练过程更稳定，容易收敛。

9.4.5　解决数据匮乏问题：生成式强化学习重排

影响强化学习训练效果的因素除了训练算法的稳定性，还有数据量。强化学习需要海量数据训练才可以得到比较好的效果，尤其是需要在动作空间进行充分的探索。推荐系统不像围棋对弈，直接让强化学习模型在线上与用户进行大规模随机交互探索，产生负面的推荐行为会伤害用户体验。一个折中的办法就是训练用户模拟器。

用户模拟器是一个模仿用户行为的智能体，它如同用户一样，对展示在眼前的推荐列表进行交互，选择点击或不点击、购买或不购买。用户模拟器可以用来与强化学习智能体上演"对手戏"，进行动作空间探索产生训练样本，其流程如图 9-16 所示。

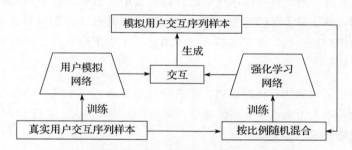

图 9-16　生成式强化学习重排模型的训练流程

如图 9-16 所示，用户模拟器是用真实的用户交互数据进行训练得到的，其中，输入样本是一个内容的序列而不是单个内容。换句话说，用户模拟器也是一个 List-wise 模型。

强化学习模型部分的训练样本由两部分构成。一部分是真实的用户交互序列样本，另一部分是用户模拟器与强化学习模型交互生成的"假样本"。具体地，强化学习模型每产出一个序列样本，用户模拟器就会在这个序列上模拟用户行为，产出虚拟的"点击""不点击"和"离开"行为。这些虚拟行为信息被记录下来，作为虚拟样本，再进一步混入强化学习模型的训练样本中，参与强化学习模型的训练。

CHAPTER 10

第 **10** 章

算法辅助人工：决策智能

第 8 章、第 9 章介绍的召回排序模块是推荐系统中人力密集度最低的部分，也是对人工智能、深度学习算法最友好的部分。召回排序模块的特点在于数据量丰富、目标单纯且明确、重后验知识而轻先验。由于这部分技术的功能集中于内容分发提效的范畴，我们可以称之为分发智能。

随着分发智能领域的技术日渐成熟，相关研究逐渐进入深水区，推荐算法研究的方向也在逐渐转向业务中人力密集度更高的部分，即推荐业务中对人工决策依赖度更高的部分。我们将这部分智能技术称为决策智能。

10.1 决策智能概述

本节主要介绍决策智能的含义以及推荐系统中决策智能的应用场景。

10.1.1 决策智能的含义

决策智能是关于做选择的科学，它融合了应用数据科学、社会学和管理学的知识，旨在以数据的力量辅助人们的生产、生活和社会发展。典型的决策智能案例包括利用大数据进行水库水资源调度、利用大数据进行超市选址等。决策智能的基本原则是以人为决策者，以数据科学方法为工具，因为只有做决策的人需要为决策的结果负责，而机器不需要负责。以人为核心的决策智能，就是要用数据科学的力量帮助人处理数据、提供方案和预估结果。

10.1.2 推荐业务中的决策智能

推荐系统中存在大量需要人工决策的场景，例如电商大促的会场选品，大部分电商节日都有促销活动并设立专门的促销会场，如何从海量商家和商品中圈选一部分作为会场的主要供给，一直是一个难题。根据促销主题、商家历史数据、商品历史数据等维度进行筛选的难点在于特征数量庞大、特征数值分布范围广、商品和商家基数大，人工筛选时很难考察全面、合理量化准入门槛。

再例如，通用推荐场景的内容冷启动，当新内容进入分发内容池时，由于新内容缺乏与用户行为交互形成的后验数据，因此很难通过主循环系统（召回、排序）参与常规的分发流量。那么如何根据有限的数据和特征，配合一定的分发探索策略，筛选出新内容中更有分发潜力的部分，从而持续为这部分内容提供流量，这是新内容冷启动阶段需要解决的问题。

从上述场景中我们可以发现，推荐业务中的决策智能场景主要有如下特点。

- ❑ 最终由人完成决策。
- ❑ 存在数据匮乏的情况，需要试错成本，例如冷启动。
- ❑ 可能存在数据过于丰富的情况，人力决策成本高，例如大促选品。

决策智能技术不仅可以通过融合多学科的技术、知识，帮决策者汇总、融合信息，降低决策成本，优化决策结果，也可以帮助产品运营人员沉淀行业经验，将行业经验数字化，辅助未来的决策。例如，历史沉淀的大促商家、商品选品策略组合方案以及产生大促成果的数字化历史，可以为后续大促选品提供参考。

10.2 决策智能与推荐探索利用机制

推荐系统里的探索和利用是推荐内容分发的两个重要方面。"利用"的含义是根据已有的用户交互数据，捕捉用户已有兴趣并进行需求满足。而"探索"则相反，需要解决的主要是数据匮乏情况下的分发效果问题。本节主要介绍推荐系统的探索和利用机制以及相关的决策智能技术。

10.2.1 冷启动中的决策智能

探索机制主要用于解决数据匮乏的问题，目标在于探索用户潜在的需求。用一个字来概括，就是解决"冷"的问题。常见的冷启动问题包含三类——新用户冷启动、新内容冷启动和场景冷启动。

新用户冷启动在推荐系统领域特指某个比较成熟的推荐场景，通过外部投放广告或各类推送引导为场景带来新用户，对这些新用户进行落地体验承接。如何为新用户推荐好的内容，让这些用户能留下来并逐步转化为高活用户，是新用户冷启动技术要解决的问题。

新内容冷启动在推荐系统领域指将刚加入内容池的新内容向现有用户分发。由于缺少向用户分发后的数据反馈，我们很难定义该内容的客观质量。当我们通过向小部分用户进行分发时，新内容往往因为不受用户青睐而给推荐系统带来负面影响。例如，刚发布的视频点赞数、评论数较低，相比于热门视频，其分发效果往往不好；刚上架的新商品，成交数、好评率较低，相比于同类热门商品，在转化率上也会处于劣势。新内容冷启动技术要解决的核心问题就是在尽量减少对系统整体效率造成损失的前提下，区分新内容质量。

场景冷启动包含两种截然不同的情况。第一种情况，App是"热"的，但场景是"冷"的。这种情况常发生在成熟App上构建新的交互场景。例如，在短视频平台App上增加新的垂类频道进行推荐，或者在电商App上为某次大促临时搭建的"推荐会场"。在这种情况下，用户还是那批用户，内容可能也还是那批内容，但是没有用户历史交互数据的。另一种情况，整个系统都是"冷"的，也就是App启动初期，无论是用户还是内容，都是全新的，这也是冷启动最难处理的地方。解决这类问题的核心在于在快速提升用户体验的同时，沉淀场景内的后验数据。

解决以上几类问题采用的核心手段可以总结为"优""快""试""借"。

10.2.2 场景冷启动中的人工部分

解决冷启动问题的手段中，"优"和"快"是场景冷启动的重要手段，最容易提升效果。

"优"指内容的优质程度或吸引力。这在场景冷启动的两个问题中尤为重要。任何一个App或场景在启动之前都需要经历"备货"的阶段，依据市场定位和行业分析，通过人工规则准备一批优质货品和维护一个持续供给能力的货源。

备货阶段可能与算法工程师的工作关系不大，但场景启动后，基于用户行为数据形成高质量的数据分析，以指导内容的迭代（优质供给和劣质淘汰）是算法工程师需要关心的问题。算法工程师需要通过构建包含主观特征（例如内容质量）和客观特征（例如点击率）的质量评价体系，辅助内容迭代决策。

"快"指从用户反馈到系统推荐行为改变的速度。用户来到场景，在有限的交互时间内所产生的正反馈，如果能及时被系统捕捉并作出反应（例如提高用户正反馈类目的推荐密度），就能提升用户再次到访的可能性。而场景 DAU（Daily Active User）或与 DAU 间接相关的指标，恰恰就是场景冷启动问题的核心优化目标。因此，响应速度自然是越快越好，而这个速度则与系统的架构有关。

主流的推荐系统一般是基于流处理作业系统实现的，同时进行数据批处理和数据流处理，如图 10-1 所示。在处理冷启动问题时，一般不会使用离线批处理的方式。这是因为在批处理的方式下，用户今天产生的正反馈数据，在今天之内，不会即时对后续的推荐效果产生影响，只有等到明天模型、策略更新完成才会有变化。然而，有的用户今天感觉体验不好，明天可能就不会再回来了。

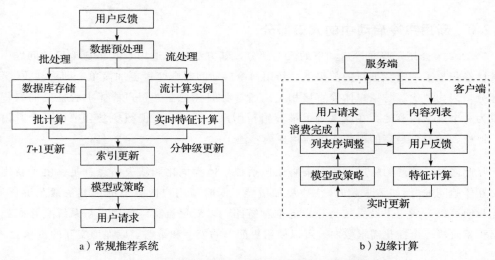

a）常规推荐系统　　　　　　　　　　　b）边缘计算

图 10-1　常规推荐系统和边缘计算处理用户反馈对比图

使用基于流计算流程的更新机制，模型或策略可以做到数分钟内完成更新。那么，用户下一次请求时，结果就会发生变化。这个变化的响应速度与两个因素有关：单次请求结果数和流计算更新索引的时间窗口。如果系统的单次请求返回 10 个内容，那么只有 10 个内容消耗完，才会发起下一次请求。如果系统的索引更新频率是 5 分钟一次，当用户两次连续请求都没离开同一个 5 分钟窗口时，请求返回的推荐模式也不会发生变化。无论如何，用户本次请求内的内容都不会根据当下的反馈产生变化。

如果希望系统能对用户的反馈进行实时响应，那么我们就要借助边缘计算了。边缘计算指将一部分在云端（服务端）上的计算逻辑迁移至客户端，利用客户端的计算能力来分摊服务端的压力。对用户反馈最极端的响应方式是一次请求返回一个结果，通过每次请求的反馈实时进行推荐策略或模型的更新。然而，这会大大增加带宽和服务端计算的压力。利用边缘计算的设计模式，我们可以让分批发送的推荐列表顺序根据用户反馈进行实时调整。

例如，某次请求服务端为用户推送了 3 个 A 类目内容、3 个 B 类目内容、3 个 C 类目内容，按照多样性打散后的列表可能是 ABCBACBCA。当用户与前 3 个内容交互后，如果对 C 类内容表现出明显的兴趣，那么在冷启动情境下，我们可以暂时破坏这个多样性规则，将列表调整为 ABCCCBABA。因为用户不一定能看到列表后面的 C 类内容，所以我们将其提前，以提升短期黏性。

总的来讲，流计算与边缘计算配合使用的冷启动系统，能实现目前常规服务器算力条件下的效率最大化。

10.2.3   新用户冷启动中的人工部分

10.2.2 节介绍了场景冷启动下的人工部分，其方法论也适用于新用户冷启动问题。在场景已经积累了一定数据量的前提下，新用户冷启动问题会变得更加简单，即更注重"优"的部分，因为"优"与用户体验直接相关。通常我们会把在老用户群体中验证过的好货集中成为一个独立内容池，在此基础上推荐给新用户。例如，短视频场景会把近一个月内赞点、评论、转发量最高的视频作为新用户内容池。

除此之外，常规的新用户应对策略还包括独立体验优化和缺失信息补足。由于新用户对交互体验问题（例如请求超时）往往更加敏感，同时新用户内容池的内容一般足够优质，因此我们可以为新用户设立较为独立的推荐链路，以简化流程。新用户与系统交互尚处于数据积累阶段，个性化需求较弱，可以使用更简单的模型和策略，以保证交互的流畅度。

用户偏好特征是个性化的重要数据依赖，为了尽快得到用户的偏好数据，在启动设置偏好采集页面为系统收集相关数据也是一种常用的手段。除了主动采集，也可以通过用户来源针对特定渠道的用户设定不同策略。

有的用户是通过在应用商店主动下载 App 来的，这种情况我们往往很难获取额外的信息。有的用户则是通过广告投放吸引而来，例如通过需求侧平台（Demand-Side Platform，DSP）外投的广告。DSP 广告技术与个性化推荐技术类似，也具备召回、排序的个性化链路。通过选择特定的广告与其他投放方实时竞价以获得展现广告的机会。对于被广告吸引来的用户，我们可以根据具体的广告制定新用户承接策略。还有的用户是通过社交分享裂变而来。分享裂变是用户增长运营的常用手段，我们可以根据分享的渠道以及具体的分享活动，制定新用户承接策略。

有一类非新用户也可以被当作新用户对待，这类用户就是回归用户。如果一个用户在很长一段时间（例如 30 天）内没有登录，再次登录时，可以使用新用户承接的策略进行挽留。由于回归用户在站内曾经有过交互历史，因此比纯粹的新用户有更多的数据可以依赖。

这类用户还有一种激活渠道，一般称为推送（Push）。应用推送指在用户不打开 App 的情况下，通过在客户端系统消息机制、邮件或短信的方式向用户发送消息，以激活用户。推送机制的技术链路也与个性化推荐类似，通过召回、排序筛选内容，并选择合适的时机向用户发送对应的内容或消息。如果用户是通过推送机制激活的，我们也可以根据激活方式为用户制定承接策略。

10.2.4　冷启动决策中的迁移学习

当前的主流机器学习算法都属于数据驱动，对于完全无数据可用的极端场景，难免会有"巧妇难为无米之炊"的尴尬。只要有一点可利用的数据，我们就有办法进行学习，让算法去覆盖人工策略照顾不到的地方。

在新场景冷启动的问题中，有一类问题是新场景是 App 内部孵化的，承接的仍然是旧用户。新场景即便采取了很多人工手段，依然改变不了场景初期用户数少造成的数据稀疏问题。由于系统已经在其他场景中积累了充足的数据，只要能找到新场景和旧场景之间的关系，就能把旧场景中的知识迁移到新场景中使用，这就进入了迁移学习的范畴，是 4 种手段中的"借"。

迁移学习包含 4 个基本概念：源域、目标域、源任务、目标任务。源域指被抽取知识的数据空间（或称样本空间），目标域指知识迁往的数据空间。例如旧场景就是场景冷启动问题中的源域，新场景就是这个问题的目标域。源任务指在源域上进行的机器学习任务，而目标任务就是在目标域上进行的机器学习任务。例如，场景冷启动问题的源任务是提升用户交互效率（如客单价），而目标任务则是提升场景留存率。源域与目标域、源任务与目标任务的差异决定了在迁移学习问题中使用哪种框架。

在冷启动问题中，比较简单、通用的迁移学习框架有两种形式：基于样本的迁移学习和基于特征表示的迁移学习。

基于样本的迁移学习指在训练目标域上的模型，以某种方式利用源域的样本来缓解数据稀疏的问题。这种迁移方式隐含的假设是，源域样本中有部分样本是与目标域同分布的。同时，样本是输入和标签的二元组，即源任务与目标任务相同才可以用。

在场景冷启动的问题上，如果源域任务和目标域任务相同（例如都是预测用户点击率），且源域数据分布与目标域数据分布比较近似（例如源域是预测少儿节目的点击率，目标域是预测动漫节目的点击率，二者的受众及其偏好有一定重叠，那么基于样本的迁移学习的目标就可以明确为找出源域中适合用来训练目标域模型的样本，作为数据补充。我们把这个任务"柔化"，就是在源域上定义样本的权重，权重高代表对目标域有用的样本，权重低代表相对无用，极端情况下权重可以为 0。如此，就完成了对源域样本的筛选。

介绍基于样本的迁移学习方法，就不能不提 TrAdaboost（Boosting for Transfer Learning）算法。TrAdaboost 方法是在 Adaboost 方法的基础上针对迁移学习进行的改造。注意，TrAdaboost 是针对分类任务进行设计，针对回归任务还须做一定的改造。Adaboost 框架与 GBDT 方法的思想类似，也是模型集成的一种方法。这里跳过对 Adaboost 的介绍，直接进入 TrAdaboost 的算法流程。

为了便于代入冷启动问题来理解算法，我对原论文的算法符号做了一些改动。我们假设 X^t 是 n 个目标域的训练样本，X^s 是 m 个源域训练样本，$\mathcal{F}(\cdot)$ 是我们选择的模型，w 是所有样本的权重，算法的目标是通过多次迭代筛选出对目标域有价值的样本，算法从 1 开始进行 K 次迭代，流程如下。

1）w^k 代表第 k 次迭代（$1<k<K$）得到的样本权重，将权重归一化得到：$p^k = \dfrac{w^k}{\sum\limits_{i=1}^{m+n} w_i^k}$。

2）用模型 $\mathcal{F}(\cdot)$ 在集合 $X^t + X^s$ 上按照样本权重 p^k 进行训练。

3）计算在目标域样本集合 X^t 上的错误率如下。

$$\varepsilon_k = \sum_{i=1}^{n} \frac{w_i^k \cdot R(X_i^t)}{\sum\limits_{j=i}^{n} w_i^k}，\text{其中 } \mathcal{F}(\cdot) \text{ 预测正确则 } R(X_i^t)=1，否则为 0。$$

4）令 $\beta_k = \varepsilon_k/(1-\varepsilon_k)$，$\gamma = 1/(1+\sqrt{2\ln m/K})$。

5）更新权重集合如下。

$$w^{k+1} = \begin{cases} w_i^k \gamma^{R_k(X_i^s)} & 1 \leqslant i \leqslant m \\ w_j^k \beta^{-R_k(X_j^t)} & 1 \leqslant j \leqslant n \end{cases}$$

6）$k = k+1$，回到 1）继续迭代。

7）最终算法输出样本可用性判别函数如下。

$$H(x) = \begin{cases} 1 & \prod\limits_{k=K/2}^{K} \beta_k^{-R_k(x)} \geqslant \prod\limits_{k=K/2}^{K} \beta_k^{-1/2} \\ 0 & \prod\limits_{k=K/2}^{K} \beta_k^{-R_k(x)} < \prod\limits_{k=K/2}^{K} \beta_k^{-1/2} \end{cases}$$

通过上述流程我们可以发现，目标域的样本权重会随着训练逐步升高，源域中的样本权重会随训练逐步下降，其中对目标域分类任务无用的样本权重下降速度很快。最终 $H(x)$ 可以用来判别源域样本中哪些是与目标域同分布的可用样本。

需要注意的是，我们要求每次迭代中的分类器错误率 ε_k 要低于 50%，否则训练无法继续。这也要求源域样本分布和目标域样本分布不能差距太大，或者样本权重的初始值就已经对无用样本有初步识别力，赋予更低权重。

基于样本的迁移学习对场景任务的要求比较严苛，那么如果源任务和目标任务完全不同，该如何进行知识迁移呢？这里我们仍然需要做一个简单的假设，即源域蕴含的知识与目标域所需的知识差异不大。场景冷启动问题就比较符合这个假设，虽然是一个新的场景，但用户仍然是这批用户，偏好、标签、内容都还是用同一套体系。那么新场景所需的用户知识可以认为是旧场景的子集。在这个假设的基础上，迁移学习的任务变为将源域数据上抽取到的表征，通过某种简单的映射，使其服务于目标任务，其形式化表达如下。

$$\text{Loss}=\text{Loss}^t\{Y^t,\ \mathcal{F}^T[\mathcal{F}^s(X^t)]\}+\lambda\left\|\theta_{\mathcal{F}^T}\right\|^2$$

其中，$\mathcal{F}^s$ 是在源域上学到的表征抽取网络，$\mathcal{F}^T$ 是为了实现目标任务而设计的特征重映射网络，Loss^t 是目标任务的损失函数，在整体损失上追加了一个对 $\mathcal{F}^T$ 的正则约束。这就是深度学习里常用的预训练加微调技巧。具体地，我们先在源域上训练得到特征抽取器，然后将抽取参数固定，在目标域数据集上继续训练，直至收敛。

10.2.5　新内容冷启动算法

新内容冷启动与新用户冷启动问题略有不同。对于新用户，我们要在尽可能短的时间内探索用户的兴趣并把他留下来。而对于新内容，我们没有把它"留下来"的需求，而是要在尽可能短的时间内探索出这个内容的质量，并决定是否要继续为其分配流量。这个问题最困难的地方在于，内容的质量是无法从内容可获得的特征之中推断的，例如，我们无法从一个新上架商品的标题、图片、价格等特征上判断它的质量。为了解决这个问题，我们需要依赖 4 种手段中的"试"。

在统计学习领域有一个被称为多臂老虎机（Multi-Armed Bandit，MAB）的问题。老虎机是一种游戏机，通过下注、摇动摇杆臂的方式，可以获得大小随机的收益。假设有多台老虎机，每台老虎机的期望收益不同，在下注次数一定的前提下，如何安排尝试的顺序以获得期望收益的最大化，这就是 MAB 问题。类似地，我们面对多个不同的内容，每个内容的质量不确定，而内容的质量会决定推荐的预期收益，如何安排内容曝光给用户的顺序来让预期收益最大化，是推荐内容冷启动要解决的问题。

当我们把内容冷启动问题转化为安排曝光顺序的问题时，这个问题就具体化为如何根据新内容曝光给用户后用户的反馈来决定曝光顺序。内容 A 曝光 5 次点击 1 次，内容 B 曝光 20 次点击 4 次，哪个内容的真实点击率更接近 0.2 呢？相信大家都会直觉上选择内容 B，这是因为实验次数越多，对应统计量置信度高，越接近真实概率。UCB(Upper Confidence Bound)方法就是利用置信区间上界来进行曝光次数安排的方法。

首先，我们了解一下置信区间上界的概念。一个内容曝光 N 次，点击 M 次，那么根据概率论的原理，内容在 N 次实验下的期望收益(点击率)就是 $\overline{X}=\dfrac{M}{N}$。然而，我们追求的是内容 A 在大范围曝光后的真实点击率。那么这个真实点击率 $\mathbb{E}(\overline{X})$ 距离实验结果的差距有多大呢？在给定置信概率的前提下，我们可以计算出一个围绕实验点击率的置信区间包裹住 $\overline{X}$，即 $\mathbb{E}(\overline{X})-\varepsilon<\overline{X}<\mathbb{E}(\overline{X})+\varepsilon$。$\mathbb{E}(\overline{X})+\varepsilon$ 是置信区间的上界，代入霍夫丁不等式，可得 $P[\overline{X}-\mathbb{E}(\overline{X})\geqslant\varepsilon]\leqslant e^{-2N\varepsilon^2}$。

简单理解就是，N 次实验的估计值超过置信区间上界 $\mathbb{E}(\overline{X})+\varepsilon$ 的概率为 $e^{-2N\varepsilon^2}$。这个概率越小，说明置信度越高。UCB 方法就是随着实验次数的增加，在提高置信区间上界置信度的同时，缩小置信上界与真实值之间的距离，那么我们对真实值的估计就更有把握，也就更有把握根据这个反馈选出优质的内容。

UCB 算法的具体步骤人如下。

1) 对每个新内容 i 都无差别分发 N 次，得到对应的初始收益期望 $\overline{x}_i$。
2) 计算每个内容 i 的 UCB 分数如下。

$$\text{UCB}(i)=\overline{x}_i+\sqrt{\frac{2\ln\sum M_i}{M_i}}$$

其中，M_i 代表内容至今 i 曝光次数，$\sum M_i$ 代表至今新内容总曝光次数。
3) 将候选内容按 UCB 的分数排序，分数高的优先曝光。
4) 重新计算所有新内容曝光收益 $\overline{x}_i$，回到 2)重复迭代。

从 UCB 分数定义角度，我们可以直观理解其意图为两方面的均衡。

❏ 曝光收益越高，$\overline{x}_i$ 越大，就会优先被分发。

❏ 曝光次数越少的内容 $\sqrt{\dfrac{2\ln\sum M_i}{M_i}}$ 越大，越容易排序靠前。

将 $\varepsilon=\sqrt{\dfrac{2\ln\sum M_i}{M_i}}$ 代入霍夫丁不等式，可以得到 $P\left[\overline{X}-\mathbb{E}(\overline{X})\geqslant\sqrt{\dfrac{2\ln\sum M_i}{M_i}}\right]\leqslant(\sum M_i)^{-4}$。

当总曝光次数足够大时，$\sqrt{\dfrac{2\ln \sum M_i}{M_i}}$ 决定了一个紧致的置信区间。UCB 算法在分发曝光次数与区间宽度之间做了平衡，让每一个新内容都有比较充分的曝光机会的同时，尽快从中选出更优质的内容。

　　然而，UCB 算法最显著的劣势就是对用户进行一视同仁的内容测试。这样做最大的缺点在于测试用户分布不均会造成偏差。如果内容 A 被曝光给 10 个喜欢 A 这类内容的用户，内容 B 被曝光给 10 个不喜欢 B 这类内容的用户，即使 A 和 B 的内容质量均等，其预期收益也会有很大差距。LinUCB 方法被提出以解决这类问题，即利用用户和内容的相关度（匹配度）特征来规划曝光顺序。

　　LinUCB 假设回报与用户-内容匹配度线性相关，即匹配度越高，回报率（如点击率）越高，且呈线性关系。假设内容 i 的特征为 $\boldsymbol{x}_i$，与用户 j 交互的估计回报率为 r_{ij}，那么 LinUCB 的假设为 $r_{ij} = \boldsymbol{x}_i^{\mathrm{T}} \boldsymbol{\theta}_j$，其中 $\boldsymbol{\theta}_j$ 就是为用户 j 学到的线性回归参数向量。从某种角度理解，θ_j 就是用户 LinUCB 的用户表征。

　　当用户 j 与 n 个新内容交互后，我们可以获得一系列样本来估计参数 $\boldsymbol{\theta}_j$。假设这 n 个与用户 j 交互后的新内容样本构成了矩阵为 $\boldsymbol{X}_j$，收益向量为 $\boldsymbol{R}_j$，我们得到：$\boldsymbol{R}_j = \boldsymbol{X}_j^{\mathrm{T}} \boldsymbol{\theta}_j$。

　　我们可以用岭回归方法来解决这个线性回归问题，其闭合解写作 $\hat{\boldsymbol{\theta}}_j = (\boldsymbol{X}_j^{\mathrm{T}} \boldsymbol{X}_j + \boldsymbol{I})^{-1} \boldsymbol{X}_j^{\mathrm{T}} \boldsymbol{R}_j$，其中 $\boldsymbol{I}$ 是单位矩阵，$\hat{\boldsymbol{\theta}}_j$ 是基于样本 $\{\boldsymbol{X}_j, \boldsymbol{R}_j\}$ 对 $\boldsymbol{\theta}_j$ 的估计。那么，$\boldsymbol{x}_i^{\mathrm{T}} \hat{\boldsymbol{\theta}}_j$ 就是当前对 r_{ij} 的估计值。类似 UCB 算法，LinUCB 试图为这个估计值寻找一个置信区间，这个区间写为

$$|\boldsymbol{x}_i^{\mathrm{T}} \hat{\boldsymbol{\theta}}_j - \mathbb{E}(\boldsymbol{r}_{ij} \mid \boldsymbol{x}_i)| \leqslant \alpha \sqrt{\boldsymbol{x}_i^{\mathrm{T}} (\boldsymbol{X}_j^{\mathrm{T}} \boldsymbol{X}_j + \boldsymbol{I})^{-1} \boldsymbol{x}_i}$$

其中 $\alpha = 1 + \sqrt{\ln(2/\delta)/2}$，上式成立的概率为 $1 - \delta$。$\alpha \sqrt{\boldsymbol{x}_i^{\mathrm{T}} (\boldsymbol{X}_j^{\mathrm{T}} \boldsymbol{X}_j + \boldsymbol{I})^{-1} \boldsymbol{x}_i}$ 代表了岭回归预测值的不确定度。不确定度越大，代表越需要进行探索，估计值越大，代表预期收益越大。LinUCB 就是要在这两者之前寻求探索和利用的平衡。因此，LinUCB 的打分公式可以写作

$$\boldsymbol{p}_{ij} = \boldsymbol{x}_i^{\mathrm{T}} \hat{\boldsymbol{\theta}}_j + \alpha \sqrt{\boldsymbol{x}_i^{\mathrm{T}} \boldsymbol{A}_j^{-1} \boldsymbol{x}_i}, \ \boldsymbol{A}_j = (\boldsymbol{X}_j^{\mathrm{T}} \boldsymbol{X}_j + \boldsymbol{I})$$

那么岭回归的闭合解也可以化简为 $\hat{\boldsymbol{\theta}}_j = (\boldsymbol{X}_j^{\mathrm{T}} \boldsymbol{X}_j + \boldsymbol{I})^{-1} \boldsymbol{X}_j^{\mathrm{T}} \boldsymbol{R}_j = \boldsymbol{A}_j^{-1} \boldsymbol{X}_j^{\mathrm{T}} \boldsymbol{R}_j$

LinUCB 算法的流程如下。

1）输入探索与利用的平衡参数 α。

2）如果用户 j 是新用户，初始化 $A_j = I^{d \times d}$，$b_j = 0$（d 维零向量）。

3）计算 $\hat{\theta}_j = A_j^{-1} b_j$。

4）计算分数 $p_{ij} = \hat{\theta}_j x_i + \alpha \sqrt{x_i^\mathsf{T} A_j^{-1} x_i}$。

5）根据分数 p_{ij} 对所有内容 i 排序以决定推荐顺序。假设选定内容 x_k 进行曝光，观测曝光效果反馈 r_k。

6）更新参数 $A_j = A_j + x_k x_k^\mathsf{T}$。

7）更新参数 $b_j = b_j + x_k r_k$。

从上述算法流程中我们可以看出，LineUCB 为了提升算法计算效率，对矩阵 A_j 和向量 b_j 以缓存存储模式与异步更新方式进行参数学习，即异步岭回归模式。需要注意，推荐效果与平衡参数 α 相关性很高，应进行人工调整以达到最优效果。

尽管冷启动领域已经有大量的算法研究，目前的冷启动算法仍有需要隐性的、人工决策的部分。例如，我们需要人工控制新内容冷启动流量与常规推荐流量的比例，以保障用户的综合体验；我们需要人工控制新用户冷启动和新场景冷启动情境下，站内人工运营的热门内容推荐与算法内容推荐的流量比例等。算法提供建议，人工进行决策，便是这类场景下决策智能的核心要素。

10.3   因果推断技术

因果推断技术是统计学习领域的一个重要方向，其主要目的是探寻或挖掘不同统计变量之间存在的因果关系。在推荐系统中的决策智能领域，因果推断技术也有重要的应用，本节主要介绍在实践中常用的因果推断技术。

10.3.1   决策智能与因果推断

推荐系统与搜索引擎在平台型互联网企业中是重要的营销场景。我们常常会遇到这样的问题，要做一场营销活动，为推荐场景的用户发放某种权益，以促进这类用户在场景中的转化，我们该如何圈选发放权益的用户呢？类似的问题也出现在用户增长领域，典型的案例就是广告外投。在有限的广告预算下，如何选择投放的平台或用户，以使得用户转化效率最大化？

这些都是典型的决策智能中的因果推断问题，它们有一个共同的特点，即需要对实验群体施加一个干预因子（例如是否发放权益），通过干预后的效应来挖掘其中的因果关系（哪些群体受权益影响最大）。这属于因果推断领域中因果效应的挖掘方向。在因果推断领域还有一个重要方向就是因果发现，即从统计数据中挖掘统计变量之间的因果关系。

10.3.2　智能营销与上推建模

在营销策略中，有一个经典的用户模型如图 10-2 所示。其中，用户群 1 是无论是否发放优惠券都会产生购买行为的，因此发放优惠券没有产生增量价值；用户群 3 是发放或者不发放优惠券都不会产生购买行为的，属于沉默用户；用户群 4 在发放优惠券时不购买，不发放优惠券时购买，这部分用户大概率是低频价格不敏感用户，无法捕捉其消费模式；只有用户群 2 是价格敏感型并且会对优惠券行销活动产生反馈，是我们需要寻找定位的用户。

		不发放优惠券	
		买	不买
发放优惠券	买	用户群1	用户群2
	不买	用户群4	用户群3

图 10-2　优惠券营销人群抽象模型

那么在这个优惠券发放的案例中，如何去定位用户群 2 呢？传统的手段是人工进行用户特征筛选，并通过统计分析确定判别标准。当用户群体特征体系复杂化，特征相互关系复杂化以后，人群圈选的工作量、精细度就超越了人工能力的范畴，需要借助数据驱动的算法进行辅助。Uplift Modeling 就是建模这一类问题的因果推断框架。

以投放优惠券为例，T 代表所施加的人工干预，$T=1$ 代表投放优惠券，$T=0$ 代表不投放优惠券。$Y(T=1)$代表有干预下用户个体的反馈，如消费券发放后的用户成交额；$Y(T=0)$代表无干预下用户个体的反馈。根据对照实验的思想，对于同一个用户，$Y(T=1)-Y(T=0)$就代表了对用户施加了干预所造成的因果效应，如用户成交额的变化。

然而，事实上我们是无法对同一个个体观测到 $Y(T=1)-Y(T=0)$的，因为我们无法在两个完全一样的平行时空观测到同一个个体接受干预和不接受干预的结果。在同一个时空内，我们只能观测到一种结果。那么为了得到每个用户的 $Y(T=1)-Y(T=0)$，我们必须假设在同一个时空内，存在与这个用户 A 极其相似的用户 B，通过对 A 施加干预，对 B 不施加干预，来近似获得干预的因果效应。那么，Uplift Modeling 的形式化表达可以写为

$$\text{uplift}=\mathbb{E}(Y|X,\ T=1)-\mathbb{E}(Y|X,\ T=0)$$

其中，X 代表用户的特征。

实施因果推断实验需要几个基本的条件成立：可忽略性、可交换性、一致性、条件可交换性和正定性。

可忽略性假设指的是潜在混杂因子是可以忽略的。有一句话叫作关联非因果，意思是两件变量有相关性不代表两个变量之间有因果性。例如，如果对照组（不给优惠券）中用户群 2 这类个体多，但实验组（发优惠券）中用户群 2 这类个体少，那么总体观测到的收益增益就很少，就会得出优惠券对刺激消费没用的错误结论。

可交换性假设指对照组和实验组的个体可以任意交换，不会影响观测结果。

一致性假设指施加的干预和观测的结果是一致确定的，例如我们要找的用户群 2 是不发优惠券一定不买的那部分人。基于一致性假设，我们还可以引申出一个无干扰假设，即用户 A 基于干扰 T 产生的结果不受其他用户的结果影响。

条件可交换性假设指除了变量 X 不存在其他变量 Z（又称协变量）对干预 T 所造成的因果效应产生影响。这在实践中往往无法被测试，需要我们对潜在的协变量有先验经验的判断。

正定性假设指对任意变量取值 x 及干预因素取值 t，$0 < P(T=t \mid X=x) < 1$。比如优惠券案例中，要保证实验组和对照组中各类型用户都存在，不能对照组有 30 岁男性，而实验组没有。

满足以上所有假设的最好做法就是进行随机对照实验。以优惠券发放问题为例，需要将被实验人群按各类特征均匀随机地分散到实验组和对照组。我们简单介绍一个 Uplift Modeling 中简单易用的方法：T-Learner。T-Learner 方法的基本步骤如下。

1）将参与实验的用户均匀随机地划分为实验组和对照组。

2）用实验组数据和对照组数据分别训练两个模型。

3）将每一个用户送入两个模型得到实验组结果 $Y(T=1,\ X=x)$ 以及对照组结果 $Y(T=0,\ X=x)$，如果 $Y(T=1,\ X=x) - Y(T=0,\ X=x) > \delta$，那么可以认为用户 x 是优惠券敏感型用户，$Y(T=1,\ X=x) - Y(T=0,\ X=x)$ 就是该用户的干预增量价值。

上述过程可以通过图 10-3 进一步理解。

针对上述优惠券发放的案例，通过 Uplift Modeling 框架我们可以利用模型输出如下两种结果。

- 人群属性判断：通过特定的阈值，我们可以筛选出对优惠券敏感的人群特征，对有这类特征的人群可以实现比较精准的投放。
- 增量收益预测：用实验中的模型在所有待投放人群上进行预测，并将预测结果的因果量，即 $Y(T=1，X=x)-Y(T=0，X=x)$ 进行累加，就能得到对真实投放效果总体带来的交易增量的预测值。

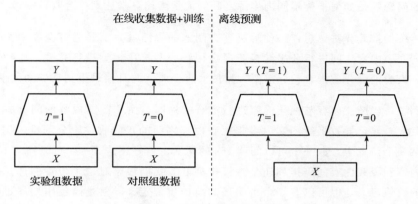

图 10-3　T-Learner 整体流程

10.4　流量调控

流量调控是推荐业务中很重要的一种决策形式，它不属于传统的推荐算法，而是更接近决策智能，本节主要介绍流量调控相关的业务背景与技术方案。

10.4.1　流量调控的业务价值与应用场景

狭义上的推荐算法主要解决内容分发的匹配问题，事实上，任何一个平台都有除了用户需求满足以外的，自己的商业诉求和价值主张。这些商业诉求和价值主张要求平台可以对推荐系统的流量有一定的控制能力。常见的流量调控场景包括不同类型内容的混合分发、同类但不同层级内容的差异化分发、动态流量履约系统等。10.4.2 节、10.4.3 节会结合两个常见的流量调控案例对流量调控技术进行介绍。

10.4.2　异质内容混排及强化学习应用

信息流推荐是当下主流推荐系统最常见的交互形态，无限下拉刷新的体感给人带来内容丰富、层出不穷的体验。随着内容形态的极大丰富，异质内容综合推荐成为一个值得研究的问题。

将不同介质的内容（纯文本、图文、视频、直播等）分开至不同的标签页进行推荐是一种方式，由于 App 启动的时候只能有唯一的主默认承接页来迎接用户，因此除了默认页（亦称首页）以外，其他垂类承接页的渗透率往往会大打折扣。例如，假设首页 DAU 是 500 万，直播垂类标签页的 DAU 可能只有 100 万,渗透率就只有 20% 。为了能引导异质内容的分发,在首页设置多种内容混合排序的无限下拉信息流称为一种新选择,在这种交互形态上需要解决的问题就是如何平衡不同内容源之间的流量配比,来达到综合收益的最大化。

套用传统的推荐算法思想,一种解决这类问题的思路就是消除内容源吸引力之间的偏差,对不同介质内容之间进行公平建模,最后用统一的排序模型进行打分。这种方式的弊端就在于,人为消除异质内容差异需要大量的人工经验,并且很难得到良好的效果。

举个例子,当图文内容与视频内容进行混合排序时,由于图文内容的阅读方式和视频内容存在巨大差异,导致平衡图文内容与视频内容之间的正向收益十分困难。例如,在信息流列表某一个位置上,放一个可以阅读 15s 的图文内容好还是放一个可以播放 15s 的视频好?图文内容和视频内容间隔排列还是连续排列好?我们很难对每个位置的选择给出一个单点收益的价值定义,但可以有一个很明确的总体价值定义,就是希望用户尽可能久地留在页面上。

这种情况下,我们很容易想到借助强化学习来解决这个问题。在第 9 章,我们提到强化学习可以近似地求解 list-wise 形式的排序问题(组合优化问题)。异质内容混排问题的本质是一个 list-wise 建模问题,不同点在于,我们面对的不是一个同质化的列表,而是一个有显著差异化体验的"杂乱"列表。用强化学习建模这类问题有两种思路:层次化强化学习和基于模板的强化学习。

层次化强化学习的核心思想是任务的分解以及子任务回馈的定义。

首先是定义父任务和子任务。在异质内容混排的案例中,复杂的异质内容混合排序的组合优化问题可以被拆解为贪婪的两阶段决策问题——在每一个列表位置上,先选择一种内容类型(父任务),再选择这种内容类型中能让用户正反馈最大化的内容个体(子任务)。

其次是定义子任务的反馈函数。在异质内容混排问题中,一阶段任务是选择内容类型,但这一阶段动作执行结束后用户并不会产生反馈,用户只会对内容实体产生反馈。二阶段任务选择内容个体后,用户才可以产生反馈。也可以理解为,用户是针对二阶段动作产生的综合结果给出反馈。那么,我们可以将二阶段用户的回馈同步给一阶段任务,由此得到一阶段任务的回馈值,如图 10-4 所示。

套用 Q-Learning 的框架,层次强化学习可以表达为图 10-4 的效果。图中 Q_1 代表第一阶段任务的价值网络,即选择内容源。Q_2 代表第二阶段任务的价值网络,即选择内容个体。在第一阶段,智能体的状态是已选择的内容列表和用户信息。而第二阶段,子任务智能体的状态则是一阶段状态与一阶段选择的内容源类型的综合。一阶段环境(用户)是不会

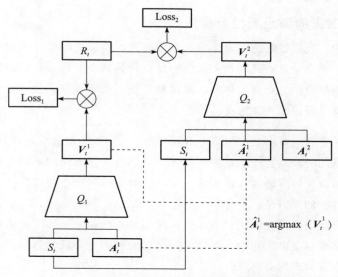

图 10-4　基于 Q-Learning 的层次强化学习混排示意图

给出反馈的，只有第二阶段才会有明确反馈。因此环境回馈 R_t 整体可以由一二阶段共享，参与各自的 Q-Learning 损失。至此，层次强化学习就被拆解为两个独立的单层强化学习了，我们可以套用 DQN 的训练框架对任务进行训练。

　　由于层次强化学习的建模方式没有对动作选择空间进行约束，因此极端情况下，智能体是会给出全图文或者全视频的反馈。那么这类情况下，我们还需要人为对结果进行干涉。基于模板的强化学习建模可以比较好地解决这个问题。

　　仍以异质内容混排为例，我们可以限定 list-wise 的排列模板来限定动作空间，例如人为枚举几个比较美观的模板格式：两个图文加三个视频交替排列、一个图文加两个视频交替排列等。如此，我们就把 point-wise 内容逐个选择的问题转化成了列表整体排列的问题，即整个列表的排列过程中我们只须进行一次策略选择(列表长度为 N，则层次强化学习要执行 N 次两阶段选择)。在选择好模板后，每个坑位应该填什么内容就变成了一个贪婪选择问题，即在每个坑位填上各自内容源内部效率最大化的内容。

　　基于模板的强化学习混排建模是一种退化建模思想，把多阶段的复杂组合问题退化为单阶段的简单建模问题。它的好处在于模型简单，不会像层次强化学习那样容易产生选择偏差，但缺点也很明显，即模板有限、个性化不足，忽略了内容之间的上下文互相影响的关系。在实践中可以根据实际场景和算法特点进行方案选型。

10.4.3　履约保量的流量调控及算法

在推荐业务中，我们常常遇到需要对流量规模进行担保的场景。例如，视频创作者购买了流量包产品，要求上传的视频在一天内的播放量达到 1 万次。我们都知道，强迫用户看他不喜欢看的视频会产生不好的体验。流量调控是人为对视频流量进行干预，负面效应的控制就是履约保量调控的算法重点。

控制履约流量带来的负面效应与两个因素有关：人群刻画准确性与流量投放控制能力。把内容分发给合适的受众不会产生很强的负面效应，而人群刻画的准确性依赖于人物画像的持续迭代。即使有比较准确的人群画像，在不合时宜的时机进行过度投放，也会导致明显的负面效应。其中的原因是，不同的人群会受生活工作节奏、App 产品心智等因素影响。例如，长视频平台的用户会在午间、晚间休闲时间聚集到访，形成流量高峰，而这个时段内各类人群的丰富度也是极大化的。配合人群流量的时间分布进行履约流量投放规划，可以大大缓解流量投放带来的负面效应。

至此，基于保量履约目的的流量调控问题（抛开画像优化子问题）已经可以具体化为时间维度上的保量内容投放速度规划问题。我们参考一个具体的案例，假设投放的保量内容是历史文化知识类短视频，需要保证一部分人工引入的优质创作者的内容可以每天都有稳定的播放量，以鼓励他们在平台中持续创作的意愿。最简单的情况下，对历史文化类内容有特定偏好的人群会在一天中均匀稳定地到来，那么我们就可以精确计算出每十分钟需要分发给多少人看，计算方法为每天的保量目标除以 144（一天 1440 分钟）。

实际情况可能更加严峻，夜间 1:00 到早晨 7:00 之间没多少受众人群登录，工作日的上下午人流也很稀疏，只有午高峰和晚高峰有大量受众聚集。有的人说，这不难，观察每天到来人群的规律，给每个时间段安排特定的分发任务，高峰时段集中投放，其他时间量力投放。根据微分的思想，只要时间片切分得够细，就能实现极其精准的自动控制。看起来不无道理，然而事实情况往往不尽如人意，因为人群到来有宏观规律，但在微观层面并没有规律可循。

我们试看这样一种情况，原本安排在 10:00 到 10:05 这 5 分钟内分发 10 次，但这 5 分钟到访的目标受众只有 5 人，于是这 5 分钟的目标没有达成，欠了 5 次；紧接着 10:05 到 10:10 这 5 分钟原定也是分发 10 次，到来受众却有 100 人次，最后成功分发了 10 次，之前欠的 5 次没有发出去，造成了流量浪费。由此，我们面对的问题是一个带有信息缺失的动态规划问题。

在控制论中有一个经典的例子和我们面临的问题很像，就是水缸蓄水问题。有一个水缸存在漏水问题，我们不知道其容量大小，而我们可以自由控制水龙头实现对放水流速的任意精度的控制，同时我们也可以随时监测水面位置，但监测和计算都需要时间，监测系统也存在误差。已知目前水面高度为 0.5m，我们希望能够自动控制水龙头放水的流速，让水面不多不少稳定在 1m 的位置。控制论中有一个经典、简单且稳定性高的方法可以解决这一问题，名为 PID(Proportional Integral Derivative)控制算法。

直觉上，不漏水的水缸上解决水缸蓄水问题可以用一个简单的数学模型解决。

$$Q = k_p \times E$$

其中 E 是 Error，代表当前监测水面高度距离目标高度的误差。放水越多，E 越小，水面越接近目标，极限情况下，$E=0$ 时 $Q=0$，就不需要放水了。然而，漏水会让这个过程产生误差，被称为稳态误差，即水面会稳定停在一个离目标有一定距离的位置，无法接近目标。例如，假设 $k_p=0.5$，$E=0.2$，我们得到 $Q=0.1$，但在我们监测水面高度、以最大流量放水使得水面升高 0.1m 的过程中，水缸持续漏水的量也达到了 0.1m，导致水面稳定在 0.8m。每一个 k_p 的取值都会有一个对应的稳态水面高度，但都达不到目标水面。

造成稳态误差的原因包括水缸漏水问题、测量水面位置消耗的时间等。对应到保量履约问题，可能是人群到来的不稳定性导致少分发、系统计算已分发量的时间间隔（从成本考虑，不会试图实现秒级实时统计，往往会以一定的时间窗口进行统计）等因素。

为了打破稳态误差的平衡，我们引入一个误差积分项，那么 PID 的形式化表达可以写为

$$Q(t) = k_p \times E(t) + k_i \times \int E(t) \mathrm{d}t$$

其中 $E(t)$ 代表 t 时刻测算的误差量，这个积分就代表截至 t 时刻的误差积累量。当公式的前半部分由于系统稳态误差的问题进入稳态后，由于误差的积分量会逐步积累误差，因此会产生一个更大的向前的冲量，突破不达目标的稳态。这又会引入一个新的问题，就是容易逐步积累一个巨大误差积分，导致"冲得过猛"，刹不住车。我们还需要为这个公式增加一个"刹车保险"——微分量。那么，这个公式就会改写为

$$Q(t) = k_p \times E(t) + k_i \times \int E(t) \mathrm{d}t + k_d \times \frac{\partial E(t)}{\partial t}$$

在离散状态下，微分项 $\frac{\partial E(t)}{\partial t}$ 可以改写为 $E(t)-E(t-1)$。误差的微分量一定是一个非正值，因为只要一直在放水，误差就会逐步缩小。k_d 是正值的情况下，最后这个微分项就是一个

负值，与积分项一直向前冲这个正值形成了一个制衡。在保量履约调控问题中，我们的问题都是离散建模的，因为不可能实现完全实时的连续监控，那么以上形式化表达可以改写为

$$Q(t) = k_p \times E(t) + k_i \times \sum_t E(t) + k_d \times \big[E(t) - E(t-1) \big]$$
$$k_p, \, k_i, \, k_d > 0$$

$E(t)$ 是一个需要实时观测的统计量，需要通过流计算实现。同时，考虑到人群流量时间分布问题，我们可以根据统计规律设定比较粗粒度的保量目标，例如以小时为粒度制定目标，根据流量大小实现分钟级的误差观测。PID 算法会辅助我们完成这个小时内的流量投放控制，即根据 $Q(t)$ 控制哪些请求可以将保量内容塞到请求靠前的位置上。

由于参数 k_p，k_i，k_d 需要人工进行调节，那么调整参数就需要一定的技巧。通常情况下，我们可以通过一些经验进行调节，如图 10-5 所示。

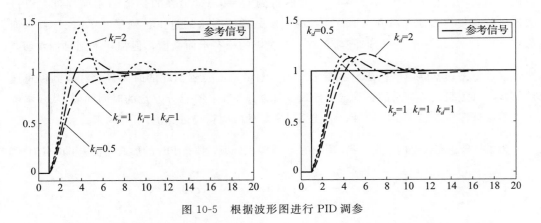

图 10-5　根据波形图进行 PID 调参

PID 算法中 k_p 的影响很容易理解，k_p 越大会越快接近目标，但也容易刹不住车而产生大幅度波动。比较难理解的是 k_i 和 k_d 的影响。图 10-5 左图是固定其他参数，看 k_i 影响的示意图，k_i 越大会越快接近目标，但会在目标附近产生很大的波动，过小则会造成过于缓慢达到目标。图 10-5 右图是固定其他参数，看 k_d 影响的示意图，k_d 越小越快接近目标，也越容易造成波动，而 k_d 越大会让平稳态更慢到来。因此，我们可以通过记录观测效果，根据调控波形按 k_p，k_i，k_d 的顺序逐一调整，直到达到我们期望的效果。

因果推断技术中的因果因子挖掘和效应评估，内容冷启动流量的混合比例，以及 PID 算法中的人工调参，都在告诉我们这些技术最终的效果需要经由人来完成核心决策。在决策智能相关的技术中，了解算法原理很重要，积累各类场景的业务经验更加重要。

PART4

第四部分

推荐算法工程师的自我成长

推荐系统行业要求推荐算法工程师的知识结构符合"T型人才"的要求,即高超的专业素养和广博的知识面。

首先,从算法的角度看,推荐系统算法不是一个闭门造车的领域,它经常借鉴人工智能领域的其他优秀成果。其次,从工作需要的角度看,推荐算法工程师也应当丰富除技术之外的知识储备,以便于理解业务背后的商业底层逻辑,更好地完成工作。

第四部分将从技术和业务的角度,分享我的成长经验,希望为读者提供一些参考。

CHAPTER II

第 **11** 章

推荐算法工程师的成长路径

推荐系统是一个典型的交叉学科，推荐算法相关的岗位要求从业者具备 T 型人才的知识结构，除了显性的知识体系，对从业者还提出了隐性的要求——业务理解。

造成这一现象的因素是推荐问题不是一个完备定义的数学问题，被推荐的内容没有绝对的好与坏，用户也不存在一成不变的偏好。推荐业务不是一个唯技术论的领域，它与复杂的市场环境和行业变迁紧密相关，解决问题的最佳方法不一定是最先进的推荐算法模型，有可能是一个简单朴素的策略。因此，推荐算法工程师不仅要不断积累工程算法经验，也要成为业务的驱动者。

11.1 技术：推荐算法工程师的立身之本

推荐技术相关的知识是推荐算法工程师的立身之本，本节主要探讨推荐算法工程师的技术成长路径。

11.1.1 推荐算法工程师的知识体系

一名合格的推荐算法工程师应当具备胜任岗位的基本知识结构，也应当为开拓创新不断更新自身的知识储备。

首先，推荐算法工程师作为互联网软件开发岗位的一种，应当具备软件开发岗位的基本知识结构。这一岗位的基础能力是软件开发与工具使用。

软件开发包括掌握数据结构、数据库、计算机体系结构、计算机网络、计算机系统和软件工程等基础知识。数据结构（与算法）是这个岗位面试时必考的内容，也是理解推荐系统框架代码和业务逻辑的基础，更是开发设计高效可复用的系统组件的必备技能。数据库是推荐系统数据存储、分析的基本工具，理解数据库运行机制是高效数据分析和处理的基础。当今推荐系统大多是基于云计算的大规模流式作业引擎，了解计算机体系结构、计算机网络、计算机系统的基础知识有利于我们理解推荐引擎的运作模式。在日常团队开发协作中，迭代的速度和稳定性是互联网公司对软件开发岗位的基本要求，而基于敏捷开发的项目管理和版本控制是目前企业普遍的开发模式，也是软件工程领域的基本概念。

工具使用包括掌握常用的编程语言、开发编译工具、项目管理工具等。由于推荐引擎可能是基于 C++、Java、Go 等语言进行开发的，而操作数据库则需要用到 SQL 语言，推荐算法工程师需要熟练掌握这类语言的基本语法、编译调试、常见设计模式等知识。开发编译工具如 VSCode、IntelliJ IDEA 等，项目管理工具链如 Git、Maven 等，是提升开发效率的必备工具。同时，大部分服务器都装载 Linux 系统，因此习惯使用 Linux 系统的常见命令和文件系统，也是推荐算法工程师的必备技能。

其次，因为是基于人工智能、机器学习的推荐算法而从软件开发工程师中分化出来的，所以推荐算法是这个岗位的核心武器。机器学习、人工智能领域门类繁杂，本书涉及的与这个岗位强相关的门类包括神经网络、表征学习、度量学习、因果推断、推荐系统、强化学习、迁移学习、元学习等。

随着深度学习工具的成熟，以及推荐系统社区日渐繁盛，主流推荐算法都有了易读易移植的开源代码实现，这让推荐工程的开发门槛大大降低，也变相让大量的推荐算法工程师虽然具备动手能力，但对算法本质一知半解，只知其然而不知其所以然，因而不具备创新能力。

所有的机器学习算法同根同源，算法创新的基础在于对机器学习本源的认知积累，即"前深度学习"时代的机器学习方法，包括统计学习基础、模式分类、最优化理论等。而理解这些内容迫使我们回归部分数学领域，例如线性代数、微积分、随机过程、离散数学、微分方程等。

11.1.2　推荐算法工程师的技术成长路径

技术上的成长是每个推荐算法工程师职业生涯的核心问题。面对庞大的知识体系，我们应该从何入手呢？这里的关键词是"由浅至深，连点成线，按需增补"。

"由浅至深"并不是指从简单的技术开始，而是指从更贴近用户的模块开始。排序模块就是更贴近用户的模块，也是更适合推荐算法新人落地的技术点，其中精排模型的一点变化会极大幅度地改变用户看到的结果，优化精排模型可以从更及时的反馈中迅速试错，加深理解业务,弥补认知差异。

很多在学校中从事过推荐系统相关学术研究的人,在初次接触工业推荐系统时,面对的认知差异是学术界一直面对静态的数据优化模型,而真实的工业推荐系统是优化模型在持续流动的数据上的效果。一些人初次接触工业推荐系统时从事召回或粗排模型的优化,但由于下游精排模型有选择性偏差,召回模型即使有很明显的变化,下游的精排模型也可能使新旧召回模型产生的差异萎缩,以致线上实验无法得到可观的效果,从而让人产生挫败感。

总的来说,按照召回-粗排-精排的漏斗结构看,新人适合按照精排-粗排-召回的顺序逐步拓宽技术栈。

"连点成线"是技术延展的选择问题,指的是推荐算法工程师在学习的过程中要先往同一技术链的上下游延展,这样才能从一个宏观、系统的视角去结构化梳理自己的知识体系。例如,在推荐系统的"主循环"上,召回-粗排-精排(以及可能发生的重排)是一条技术链上的不同技术点。冷启动、流量调控等决策智能技术是副循环上的不同技术点。

"按需增补"就是缺什么补什么。工作前期只需要掌握几个目前影响力较高、落地效果普遍较好的算法模型及相关技术,例如本书提到的 LinUCB、DeepMatch、xDeepFM 等。随着系统优化迭代的深入以及业务增长放缓,单一技术点取得显著性收益的难度逐渐增加。这个时候,从技术创新角度追求业务收益就会需要有在深水区突破的能力,需要推荐算法工程师保持学习习惯,跟随推荐系统的前沿研究。

获得推荐系统前沿研究的渠道主要是关注几个推荐系统相关的国际顶级会议,包括 ACM Recommendation Systems(简称 Recsys)、The Web Conference(也称 World Wide Web、WWW)、ACM Knowledge Discovery and Data Mining(简称 KDD)、ACM Conference on Information and Knowledge Management(简称 CIKM)、The International Conference on Web Search and Data Mining(简称 WSDM)等。同时,其他机器学习、人工智能方向的会议也会有推荐系统相关论文的投稿,例如 International Joint Conference on Artificial Intelligence(简称 IJCAI)、the Association for the Advance of Artificial Intelligence(简称 AAAI)、International Conference on Machine Learning(简称 ICML)、International Conference on Learning Representations(简称 ICLR)等。由于这些会议都是全英文论文收录,因此英文读写能力也是对推荐算法工程师的隐性要求。

11.2   业务:推荐算法工程师的立业之道

当下,"业务感知"已经成为推荐算法岗位求职者的能力评估维度。感知一词也暗示了这个评价维度是一个说不清道不明的主观维度。业务感知好的人，针对特定的业务场景、业务问题能够给出合理、可持续的解决方案。反之，则可能给出"饮鸩止渴"的解决方案。本节主要讨论推荐算法工程师如何沉淀业务经验，拥有业务感知，形成"业务驱动"的方法论。

11.2.1　推荐算法工程师的业务成长路径

业务感知成长的第一步是理解自己公司的业务。互联网平台型公司绝大多数是进行商业模式创新，归根结底都在围绕"流量"开展商业活动。在奔腾不息的流量大河中，有的公司是流量的生产者，有的是流量的消费者，有的则既是生产者也是消费者。在提供服务的同时，公司作为商业主体，最终的核心目标一定是商业变现。

推荐系统从业人员需要关注的是公司通过何种模式进行商业变现。例如，抖音目前可以通过信息流广告向广告主收费、直播打赏抽成、知识付费课程、电商带货等方式获得利润。抖音的推荐算法工程师需要具备整体的业务意识，因为一个改动就有可能对公司其他关联商业生态产生影响。例如，混排模型如果增加了直播和广告密度会使用户体验下降，短期来看可能会带来直播和广告收入的增长，但长期可能会损害用户留存。

那么，我们该如何理解公司的业务呢？

第一步是深入理解行业和赛道。一方面，我们要关注公司业务所属的行业，关注各类行业分析，关注公司的财报。另一方面，我们也应该关注公司的竞争对手，经常使用对手的产品，了解对手的战略、战术变化。久而久之，我们就会对所处行业形成一个系统、整体的判断和认知。

第二步是理解自己的工作目标。很多时候，推荐算法工程师知道自己的工作需求是什么，但不知道这个工作背后的目标是什么，整体的战略是什么。

在短视频推荐场景提升总体的 VV(Valid View，有效播放次数)规模时，直觉上我们只须优化人均 VV。然而只盯住人均 VV 进行优化往往会导致动作变形。用户消费的总时长是有限的，在一定的时长内，用户可以消费的短视频个数是有限的。短期内，人均 VV 的提升可能会带来用户观看视频长度的下降，从而对曝光视频的生态结构产生影响，使某些比较长的视频很难得到分发，一部分长尾用户的需求可能无法被满足。

要提升 VV 规模就要理解为什么要提升这个指标，以及可以从哪个角度提升。要了解这些，就需要与对接的业务运营同事进行深入的沟通，学会换位思考，站在他们的角度理解问题，了解他们的战略规划以及执行战术的打法。要根据他们的长期核心战略目标，选择自己达到业务目标的手段。例如，目标是在用户规模持续增长的前提下提升 VV 规模，那么就要着重优化系统在中、低活人群上的体验问题。

第三步是进入不同的业务中积累实战经验。这里没有捷径可言，在一个又一个推荐场景实践后就会对不同方法的使用、不同目标的达成形成自己的经验体系。这里要注意的是不要盲目相信自己积累的成功经验是通用的。实际情况往往容易让人失望，大多数"工作经验"都不具备通用性，而是在特定业务、特定时期、特定人群上得到的结论，换个岗位换家公司，这些结论可能都会被推翻。推荐算法工程师要保持开放的思维方式和态度，尽可能去更多的场景进行尝试，总结积累有一定通用价值的经验。

11.2.2　推荐算法业务目标优化迭代的节奏

对于业务目标不同、场景不同、发展阶段不同的推荐系统，有没有共通的优化方法论呢？答案是肯定的。在第6章我们提到了根据漏斗效应分析具体问题的方法论，在绝大多数的主流推荐系统中，内容池-召回-粗排-精排形成了最常见的漏斗关系，而整个系统的优化基本方法论就围绕这一漏斗展开。

内容池的作用在于去劣存精，优化选货规则是推荐算法工程师常常忽视但又极其重要的部分。不断纳入品类更广、质量更高的内容是扩大场景受众的根本手段，而内容池的质量优劣决定了召回算法模块能否上线。圈货排差除了人工规则，也可以有算法指导，可以利用类似决策智能算法的思想进行辅助。

内容池的下一层漏斗是召回，决定召回模块效果的因素有两个，一个是召回算法的召回率，另一个是召回算法的召回量。在召回量固定的情况下，相关兴趣内容的召回率越高，算法向下游输送的候选内容的质量就越高；在召回率难以继续优化的时候，扩大召回量就可以让更多相关的内容被囊括至召回结果中，但会给下游的计算量增加负担。需要对链路整体的计算效率进行优化，例如采用模型网络压缩的方法加速计算，或者使用更高效的近似近邻检索算法加快搜索速度。

召回模块的下一层漏斗是排序模块。同样，排序也遵循类似召回的优化原则，要么，提升粗排、精排的准确度；要么，让粗排向下游的精排输送更多的内容，增大候选空间。

最终，当精排模型效能大幅提升后，系统与用户交互的数据分布就会进一步产生显著的迁移。在数据分布发生迁移后，内容池的选货规则又需要进一步适应。由此，又需要新一轮的漏斗优化。我们可以发现，推荐系统优化是一个循环往复、螺旋上升的动态过程，其中，蕴含了大量的人工经验。注意，实际操作时的优化顺序并不一定是自下向上的，本节阐述的顺序只为了便于读者理解。

漏斗的调节是为了"优"，而用户体验机制化的另一面就是快。从 $T+1$ 更新，到小时级更新，到分钟级更新，再到端智能实时化，每一步都是为了更迅速地捕捉用户兴趣的动态变化。而随着系统响应速度的提升，系统内容的分布也会发生极大的变化。例如，在这一过程中，短视频推荐场景中曝光占比最高的内容会逐步从 1 个月内，集中到 14 天内，再集中到 3 天内，甚至能在小时内孵化出爆款。

推荐算法工程师的职责就是清醒地认知自己所服务的系统的生命周期与未来的优化方向，配合业务的战略节奏，对系统的内容和技术不断升级迭代。

11.3 推荐算法工程师的自我修养

大约在 2013 年前后，软件工程师这个岗位产生了分化，进一步细分为算法工程师和开发工程师。推荐算法工程师的待遇随着人工智能、深度学习带来的红利水涨船高，也随着在 2020 年深度学习瓶颈尽显迎来了退潮。

曾经在软件行业的舆论中，算法工程师一度被讽刺为深度学习"调包侠"，即这个岗位充斥着各种只懂得调用别人开发好的接口，不能独立完成系统性功能开发的人。实际上，算法工程师和开发工程师岗位需求的区别，仅仅在于软件开发核心能力上，即向算法能力侧重还是向架构能力侧重。本节讨论这个问题，目的是帮助读者形成正确的推荐算法工程师能力模型的概念，进而更好地理解业务和业务背景下的技术选型决策。

11.3.1 推荐算法工程师的工作日常

很多校招的应聘者会在面试的时候问我推荐算法工程师这个岗位的日常工作是什么，而我的回答往往出乎他们意料。算法工程师的日常，并不是 90% 的时间在调试模型、做算法实验，而是在做以下工作。

- ❑ 推荐算法工程师需要时间进行业务沟通。由于立场不同、思维模式不同，在沟通中寻求理解是一件很不容易的事情。只有充分理解业务诉求，才可以找到合适的解决方案，规避项目交付风险。
- ❑ 推荐算法工程师需要时间进行数据处理。绝大多数情况下，推荐算法工程师可以直接获取的数据是原始的日志数据，以及质量较差、存在大量缺失的内容数据。
- ❑ 推荐算法工程师需要时间进行数据分析。一方面，在大多数情况下，推荐系统优化无法通过学术界不断改进模型结构的方式获得效果。由于系统问题的复杂性，模型的迭代只能解决一小部分问题。针对其他问题，首先需要进行大量的数据分析工作，找到优化点，然后设计解决方案。另一方面，日志系统中的日志，只是最原始的数据，存在大量的噪声、脏数据，把这些日志转化成有价值的数据，也是算法工程师的日常工作。

- ❑ 推荐算法工程师需要时间实现业务策略。推荐系统不是一个完全自动化的机器学习系统，而是需要人工干预和自动化算法同时生效的复杂系统。人工干预策略往往是解决眼下紧急的、可控性需求强的、无法通过模型优化在短期内解决的业务诉求。而算法工程师，需要在不影响系统可持续性、可扩展性的前提下，实现这些需求，或者拒绝不合理的需求，或者寻找业务方、支持方都可以接受的折中方案。

- ❑ 推荐算法工程师需要时间做产品的用户体验官。在进行科研以及论文写作的时候，推荐领域的研究者和学生群体形成了数据指标驱动的算法优化的方法论。作为解决实际推荐问题的工程师，不可以只盯着离线、在线优化的数据指标，而是要站在用户的角度，体验产品，频繁使用自己开发的产品和业务场景，从用户的视角和细节中发现问题和优化方向。

- ❑ 推荐算法工程师可能只有20%的时间在做纯粹的算法优化。这甚至是一个比较乐观的估计，应该成为每个推荐算法工程师坚持的底线，因为密集的业务需求会不断压缩思考算法的时间。在业务支持的过程中，频繁实现"短平快"的策略解决方案的同时，也要去思考如何通过算法来解决问题。策略的优势在于可控可解释，劣势在于往往只能解决头部问题，无法很好地解决长尾问题。

11.3.2　优秀的推荐算法工程师的特征

我们可以通过几个维度去拆解这个岗位的能力模型、品质模型。这几个维度既是岗位入门的诉求，也是推荐算法工程师在晋升成长路上需要反复思考的里程碑。

1. 形成业务驱动的方法论

业务驱动包含两层含义。

- ❑ 推荐算法工程师不仅要成为一名合格的技术人员，也要成为自己所从事的业务领域专业人员。
- ❑ 推荐算法工程师要养成问题驱动的思维习惯和方法论。

从事过推荐领域或者机器学习相关领域研究工作的读者可能或多或少见过一种"创新模式"，即在A领域发明的某种技术，搬运到B领域稍作修改，就可以成就一篇还不错的科研论文。这种创新模式是一种拿着锤子找钉子的思维方式，其特点在于创新难度低、成果转化相对容易。这种模式并不适合面向业务优化的推荐算法工程师，工业界遇到的推荐问题并不存在通用的解决方法，甚至不一定是当前机器学习领域的前沿方法可以解决的问题。

推荐算法工程师一定要养成问题驱动的思维方式，从问题出发，理解问题，抽象问题，形成尽可能可扩展的解决方案。

2. 有较强的业务抽象能力和资源统合规划能力

业务会随着公司战略、市场环境的变化快速更迭，推荐系统需要有面向不同业务的可扩展性。推荐算法工程师在设计推荐系统的时候，不要只盯着眼前的需求，要为未来的潜在需求留出设计空间，也要有宏观的视角，合理安排不同模块的迭代节奏，防止依赖式串行开发迭代，并且能形成多模块之间的联动效应。

3. 保持好奇心，不断丰富自己的技术栈

对商业公司来讲，商场如战场，每一个新的商业机会都需要有足够的执行力去攻城略地。推荐算法工程师面临的工作环境不仅是锦上添花，很多时候也要平地起高楼。

推荐算法工程师的技术栈、工具栈也要够宽。除了平时解决模型问题、优化问题所需的领域前沿知识库、基础数学知识，还需要了解诸如 Map-Reduce 的原理，熟悉 Hadoop、Hive 等工具的使用；根据推荐服务框架的依赖情况，具备除 Python 以外的 C++、Java 或者 Go 语言的开发能力；需要熟悉 MySQL 等数据库以及具备使用 SQL 脚本进行数据分析的能力；具备基本的英文学术阅读以及写作能力，能够跟随学术界的前沿方向和技术，将自己的创新成果转化为专利或论文。

4. 有良好的沟通技巧

推荐算法工程师需要具备过硬的沟通技巧来保证日常工作的顺利展开。例如，在业务需求沟通中，常常需要跨越领域知识的障碍，明确需求的最终效果，明确权责边界和工期风险；在跨团队协作的时候，要以利他的心态和策略促成写作和共同利益的最大化。

5. 有较强的抗压能力

推荐算法工程师在系统迭代的过程中，经常会面临到底是用简单的策略快速解决问题，还是给算法模型优化留出充足的时间。我们要作出合理的选择，扛住短时间内可能出现的一些造成用户负面体验的压力，不要因为一时的压力，限制了算法优化的时机。

11.3.3　在自证价值和技术沉淀中寻求平衡

任何一种职业，追求个人成长的优先级都应当高于实现公司对个人的要求。完成本职工作是本分，在工作中沉淀升华自身能力应当是不懈的追求。推荐算法工程师作为软件工程师的一个细分职业，其算法能力会成为岗位需求的附加维度。

在同一家公司积累再多需求开发的经验，换了公司也可能成为毫无价值的经历。从个人价值的角度出发，推荐算法工程师对算法的理解，如果有具像化的形式，那只能是专利或者论文。对系统的理解，如果有具像化的形式，那就是在系统不同模块上的开发设计经验。在岗位上证明自己的工作价值是基本盘。每一个推荐算法工程师在工作之余，需要思考的是还能有哪些突破和创新。